全国职业院校"十二五"土建类专业系列规划教材

总主编◎张齐欣

# 建筑工程测量

JIANZHU GONGCHENG CELIANG

主　编/陈陆龙　李　玉
副主编/赵路青　姚　衍　陈　诚

合肥工业大学出版社

**图书在版编目(CIP)数据**

建筑工程测量/陈陆龙,李玉主编 . —合肥:合肥工业大学出版社,2014.8(2016.3 重印)
ISBN 978 - 7 - 5650 - 1913 - 5

Ⅰ.①建… Ⅱ.①张…②李… Ⅲ.①建筑测量—高等学校—教材 Ⅳ.①TU198

中国版本图书馆 CIP 数据核字(2014)第 179125 号

## 建 筑 工 程 测 量

| 陈陆龙 李 玉 主编 | | 责任编辑 张择瑞 |
|---|---|---|
| 出　版 | 合肥工业大学出版社 | 版　次 | 2014 年 8 月第 1 版 |
| 地　址 | 合肥市屯溪路 193 号 | 印　次 | 2016 年 3 月第 2 次印刷 |
| 邮　编 | 230009 | 开　本 | 787 毫米×1092 毫米　1/16 |
| 电　话 | 综合图书编辑部:0551 - 62903204 | 印　张 | 11.5 |
| | 市 场 营 销 部:0551 - 62903198 | 字　数 | 259 千字 |
| 网　址 | www.hfutpress.com.cn | 印　刷 | 合肥学苑印务有限公司 |
| E-mail | hfutpress@163.com | 发　行 | 全国新华书店 |

ISBN 978 - 7 - 5650 - 1913 - 5　　　　　　　定价: 25.00 元

如果有影响阅读的印装质量问题,请与出版社市场营销部联系调换。

# 总　　序

　　当前,职业教育正处在逐步规范、有序、快速发展时期,国家已经颁布高职院校专业标准,中职院校的专业标准也行将出台,各省紧随其后,专业教学标准和教学指导方案呼之欲出,课程标准也在逐步制订、修改和完善中。教材作为职业教育改革的重要工具,其教学地位也越来越引起职业院校的高度重视。

　　建筑业作为我国国民经济的支柱产业,建筑类职业人才培养问题显得尤为突出。作为一种劳动密集型产业,建筑业本身就存在人员流动大、技能和整体素质偏弱的结构性缺陷。随着计划经济向市场经济的转变,建筑类企业也热衷将更多的精力用于从事生产和经营,人才培养问题往往被边缘化,当发展到一定规模,缺乏技能操作型、高层次和复合型人才常常成为制约企业发展的瓶颈。美国管理大师德鲁克就认为:"所谓企业管理最终就是人力管理,人力管理就是企业管理的代名词。"可以说,从业人员素质的高低,直接影响到建筑产品质量的最终形成;支撑企业发展和壮大的核心,最终还是人才的力量。因此,在人才强企已成共识的背景下,职业能力的培养显得越来越重要。

　　近年来,全国建筑类职业院校积极探索教育教学改革,不断创新教育教学模式,采取"走出去、请进来"的办法,开展"工学结合、校企合作",建立"双师素质"教师队伍,改革传统教学方法,广泛采用项目化教学、案例教学、多媒体教学、现场教学、仿真教学等手段,促进学生综合职业能力的提高,努力实现学生"零距离"上岗。

　　依据《国家中长期人才发展规划纲要(2010—2020年)》、教育部和住建部《关于实施职业院校建设行业技能型紧缺人才培养培训工程的通知》等文件的有关要求,结合国家相关专业教学指导方案,我们组织国内长期从事土建类职业教育的专家、一线专业教师和建设行业从业人员编写了本套教材。系列教材采用"以就业为导向、以能力为本位、以提高综合素质为目的"的教育理念,按照"需求为主、够用为度、实用为先"的原则进行编写。

　　系列教材的主要特点是:(1) 改革了传统的以知识传授为主的编写方式,结合工程实际,采用"教材内容模块化、教学方式项目化",即以工程项目、工作任务、工作过程、职业岗位、职业范围、职业拓展为主线进行编写,突出"做中学、学中做、做中教"的职业特色,充分体现"以教师为引导、学生为主体"的原则,以实现三大目标:知识目标、能力目标、素质目标。(2)教材的编写还注重结合现行专业标准、专业规范要求,内容上注重体现"新技术、新方法、新设备、新工艺、新材料"。(3)教材结构体系上注重实现"专业与产业、企业、岗位对接;课程内容与职业标准对接;教学过程与生产过程对接;学历证书与职业资格证书对接;职业教育与终身学习对接"的新教学理念,最终落脚点是促进学生的职业生涯发展,适应新经济环境下的职业教育发展大趋势。(4)本系列教材设计新颖、内容生动,由浅入深、循序渐进,采用图表结合的方式,直观明了、形象具体和贴近实际,易于教学和自学。

　　该套系列教材在理论体系、组织结构和表现形式方面均作了一些新的尝试,以满足不同学制、不同专业、各类建筑类培训和不同办学条件的教学需要。同时,该系列教材的出版,希望能为全国土建类职业院校的发展和教学质量的提高以及人才培养产生积极的作用,为我国经济建设和人才培养做出应有的贡献,也希望有关专家、学者以及广大读者多提宝贵意见和建议,使之不断完善和提高。

张齐欣

2014 年 7 月

# 前　言

　　"建筑工程测量"是建筑类专业一门核心专业课程,也是建筑工程施工实用性、实践性很强的基础工作之一。本教材在编写过程中,综合考虑了现行职业教育教学的特点,以建筑工程测量知识和技能培养为主线,紧紧围绕着职业岗位活动为导向,进行"教学内容模块化、教学过程项目化"的设计,突出实现"知识目标、技能目标和素质目标"的课程设计理念。课程结构充分采用"以学生为主体、教师为先导、项目任务为载体"开展教学活动,教材的编写体现职业院校学生的特点,通过任务驱动、项目导向以及"教、学、做、考核"于一体,培养学生具备建筑工程施工、建筑工程监理、道路桥梁等专门化业务的基本职业能力,为加强学生的工程测量能力奠定基础。该书配备相应习题集和建筑工程测量实训指导书各一本。

　　本教材采用国家最新规范、规程和标准,按照建筑工程测量的顺序和施工现场工程测量的工作过程,编写内容注重"以应用为目的,以必需、够用为度",侧重技能传授,强化实践内容,由浅入深、图文并茂、循序渐进地进行,主要分为绪论、水准测量、角度测量、距离测量与直线定向、测量误差的基本知识、小地区控制测量、地形图的应用、地形图基本知识及其测绘、测设的基本工作、建筑施工测量、线路与桥梁施工测量、变形观测和竣工测量共十二个模块,各模块又设计了与岗位能力相适应的多项工作任务,既相互独立,又相互衔接,增强学生自主学习、主动学习的积极性,并且将测绘领域的新仪器、新方法、新技术等方面的内容有机地融合在各个项目里,突出了教材的实用性。本教材可作为高职、中职院校土建类专业基础课教材,也可作为各类成人高校、社会培训机构岗位培训教材和工程人员自学用书。

　　本书由安徽建工技师学院、安徽建设学校陈陆龙、李玉担任主编,副主编为安徽建工技师学院、安徽建设学校赵路青、姚衍、陈诚。参编人员有:安徽建工技师学院、安徽建设学校陆飞虎;合肥建设学校李梅、周旭;淮南市职业教育中心李庆梅等老师。安徽建工技师学院、安徽建设学校陈陆龙对全书进行了统稿和审核。本书在编写过程中参考了相关文献、资料,在此向这些文献、资料和书籍的作者表示感谢。

编　者

2014 年 7 月

# 目　　录

# 模块一　绪　论

## 模块概述

　　本模块主要介绍测量学的概念,它包括了两个主要内容,测定和测设,主要了解测量学的主要分支和建筑工程测量的内容。本模块还包括学习测量工作的实质,如何确定点的三维坐标,如何在地球上建立坐标系,重点要弄清楚高斯平面直角坐标的建立办法,以及在小区域范围内建立独立平面直角坐标系的方法,清楚这两种坐标系与数学上平面直角坐标系的区别和联系。

## 知识目标

　　◆ 了解测量学的概念及分类、地球的形状和大小。
　　◆ 理解测定和测设的概念和区别、建筑物的施工测量、水准面和水平面区别、三种坐标的适用范围、高斯平面直角坐标 $x,y$ 的含义。
　　◆ 掌握大地水准面、铅垂线的概念及作用,测量学与数学中的平面直角坐标系的区别、测量工作的实质、地面点位置的表示方法。

## 技能目标

　　◆ 掌握大地水准面、铅垂线的概念及作用。
　　◆ 测量学与数学中的平面直角坐标系的区别、测量工作的实质、地面点位置的表示方法。

## 素质目标

　　◆ 培养学生严谨的学习态度。
　　◆ 提高学生浓厚的专业学习兴趣。

## 课时建议

　　2 课时

## 项目一　测量学简介

### 一、测量学上,将地球表面分为地物和地貌

　　地物:地面上天然或人工建造形成的物体,它包括湖泊、河流、海洋、房屋、道路、桥

梁等。

地貌：地表高低起伏的形态,它包括山地、丘陵和平原等。

地物和地貌总称为地形。

测量学是研究地球的形状和大小,确定地球表面各种物体的形状、大小和空间位置的科学。

## 二、测量学的任务是测定和测设

测定：使用测量仪器和工具,通过测量和计算将地物和地貌的位置按一定比例尺、规定的符号缩小绘制成地形图,供科学研究和工程建设规划设计使用。

测设：将地形图上设计出的建筑物、构筑物的位置在实地标定出来,作为施工的依据。

## 三、测量在国民经济建设中的应用

### (一)城市规划、给水排水、煤气管道、工业厂房和高层建筑建设的测量工作

1. 设计阶段：测绘各种比例尺的地形图,供建(构)筑物的平面及竖向设计使用。

2. 施工阶段：将设计结构物的平面位置和高程在实地标定出来,作为施工依据。

3. 工程完工后：测绘竣工图,供今后扩建、改建、维修和城市管理使用。对某些重要的建筑物或构筑物在建设中和建成以后都需要进行变形观测,以保证建筑物的安全。

### (二)铁路、公路建设的测量工作

1. 为了确定一条最经济合理的路线,必须预先测绘路线附近的地形图,在地形图上进行路线设计,然后将设计路线的位置标定在地面上以指导施工。

2. 当路线跨越河流时,必须建造桥梁。建桥之前,要测绘河流两岸的地形图,测定河流的水位、流速、流量和河床地形图以及桥梁轴线长度等,为桥梁设计提供必要的资料,最后将设计桥台、桥墩的位置用测量的方法在实地标定。

3. 当路线穿过山地需要开挖隧道时,开挖之前,必须在地形图上确定隧道的位置,根据测量数据计算隧道的长度和方向；隧道施工通常是从隧道两端相向开挖,这就需要根据测量成果指示开挖方向,保证其正确贯通。

## 四、有关测定和测设的基本内容

地形图测绘：运用各种测量仪器和工具,通过实地测量和计算,把小范围内地面上的地物、地貌按一定的比例尺测绘成图。

地形图应用：在工程设计中,从地形图上获取设计所需要的资料,例如点的坐标和高程、两点间的水平距离、地块的面积、地面的坡度、地形的断面和进行地形分析等。

施工放样：把图上设计好的建筑物或构筑物的位置标定在实地上,作为施工的依据。

变形观测：监测建筑物或构筑物的水平位移和垂直沉降,以便采取措施,保证建筑物的安全。

竣工测量：在每一个单项工程完成后,必须由施工单位进行竣工测量。提出工程的竣工测量成果,作为编绘竣工总平面图的依据。

# 项目二　地球的形状和大小

## 一、地球

地球是南北极稍扁、赤道稍长的椭球，平均半径约为 6371km。

地球的自然表面有高山、丘陵、平原、盆地、湖泊、河流和海洋等，呈现高低起伏的形态，并不平坦，其中海洋面积约占 71%，陆地面积约占 29%。

## 二、地球的物理特性

### （一）重力与铅垂线

重力 —— 地球上质点所受万有引力与离心力的合力。

铅垂线方向 —— 重力方向。

### （二）水准面

假想静止不动的水面延伸穿过陆地，包围整个地球，形成的封闭曲面称为水准面。水准面是曲面，有无数个。

### （三）大地水准面

与平均海水面相吻合的水准面称为大地水准面。

### （四）参考椭球

大地水准面 —— 微小起伏、不规则、很难用数学方程表示。

将地表地形投影到大地水准面上计算非常困难。

法线 —— 由地表任一点向参考椭球面所作的垂线。

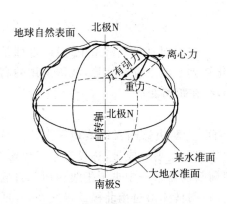

图 1-1　地理坐标系统（一）

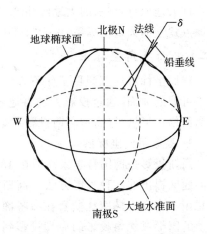

图 1-2　大地水准面与地球椭球

# 项目三    测量坐标系与地面点位的确定

## 一、确定点的球面位置的坐标系

空间坐标系可以分解为确定点的球面位置坐标系(二维)和高程系(一维)。确定点的球面位置坐标系有地理坐标系和平面直角坐标系两类。

### (一)地理坐标系

地理坐标系又可分为天文地理坐标系和大地地理坐标系两种。

#### 1. 天文地理坐标系

天文地理坐标又称天文坐标,表示地面点在大地水准面上的位置,基准是铅垂线和大地水准面用天文经度 $\lambda$ 和天文纬度 $\varphi$ 两个参数来表示地面点在球面上的位置。

过地面上任一点 $P$ 的铅垂线与地球旋转轴 $NS$ 所组成的平面称为该点的天文子午面。

天文子午面与大地水准面的交线称为天文子午线,也称经线。

通过英国格林尼治天文台 $G$ 的天文子午面称为首子午面。

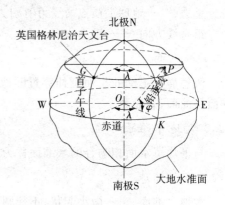

图 1-3    地理坐标系统(二)

#### 2. 大地地理坐标系

大地地理坐标又称大地坐标,表示地面点在参考椭球面上的位置。基准是参考椭球面和法线,用大地经度 $L$ 和大地纬度 $B$ 表示。$P$ 点大地经度 $L$:过 $P$ 点的大地子午面和首子午面所夹的两面角。$P$ 点大地纬度 $B$:过 $P$ 点的法线与赤道面的夹角。

大地经、纬度是根据起始大地点的大地坐标,按大地测量所得数据推算而得,起始大地点又称大地原点,该点的大地经纬度与天文经纬度一致,我国以陕西省-泾阳县-永乐镇-大地原点建立的大地坐标系,称为"1980 西安坐标系"。

### (二)平面直角坐标系

球面坐标对局部测量工作不方便,工程测量一般在平面直角坐标系中进行,地球是一个不可展的曲面,通过投影方法将地球表面点位化算到平面上存在变形,我国采用的高斯一克吕格正形投影(简称高斯投影)属于保角投影,存在距离变形。

#### 1. 高斯平面坐标系

高斯投影是德国科学家高斯在 1820—1830 年间,为解决德国汉诺威地区大地测量投影问题而提出的一种投影方法。高斯投影是将地球按经线划分成带,称投影带。投影时,设想用一个空心椭圆柱横套在参考椭球外面。使椭圆柱与某一中央子午线相切。将椭球面上的图形按保角投影的原理投影到圆柱体面上,将圆柱体沿过南北极的母线切开,展开成平面,并在该平面上定义平面直角坐标系。

高斯投影根据投影的经度范围与中央子午线的位置不同可分为下列几种:

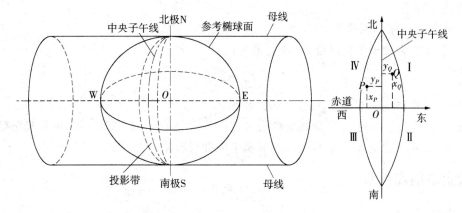

图 1-4  高斯-克吕格正形投影

(1)统一 6°带高斯投影

投影带从首子午线起,每隔经度 6°划分为一带(称统一 6°带),自西向东将整个地球划分为 60 个带。带号 $N$ 从首子午线开始,用阿拉伯数字表示。位于各带中央的子午线称本带中央子午线。第一个 6°带中央子午线的经度为 3°,带号 $N$ 与中央子午线经度 $L_0$ 的关系为:

$$L_0 = 6N - 3$$

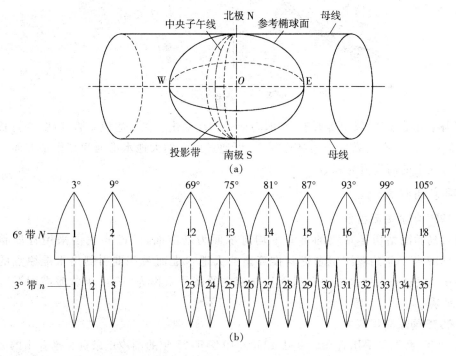

图 1-5  6°带和 3°带分带方法

高斯投影是保角投影,球面上的角度投影到横椭圆柱面上后保持不变,而距离将变长只有中央子午线和赤道投影后距离不变,并相互垂直,以此建立的直角坐标系称高斯平面直角坐标系。

（2）统一 3°带高斯投影

带号 $N$ 与中央子午线经度 $L_0$ 的关系为：

$$L_0 = 3N$$

统一 3°带与统一 6°带高斯投影的关系为：

统一 6°带投影与统一 3°带投影的带号范围分别为 $13 \sim 23, 25 \sim 45$，两种投影带的带号不重复，根据 $y$ 坐标前的带号可以判断属于何种投影带。

## 二、确定点的高程系

### （一）高程

地面点沿铅垂线到大地水准面的距离称该点的绝对高程或海拔，简称高程。通常用加点名作下标表示，如 $H_A$、$H_B$。高程系是一维坐标系，基准是大地水准面。

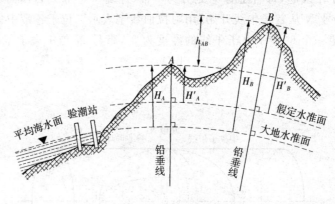

图 1-6　高程和高差

因海水面受潮汐、风浪等影响，它的高低时刻在变化。在海边设立验潮站，进行长期观测，求得海水面的平均高度作为高程零点，以通过该点的大地水准面为高程基准面。也即大地水准面上的高程恒为零。

### （二）国家高程系统

#### 1. 1956 年黄海高程系

以青岛验潮站历年观测的黄海平均海水面为基准面，1956 年我国采用青岛验潮站 1950—1956 年 7 年的潮汐记录资料推算出的大地水准面为基准引测出水准原点的高程 72.289m。以这个大地水准面为高程基准建立的高程系称为"1956 年黄海高程系"，简称"56 黄海系"。

#### 2. 1985 国家高程基准

80 年代，我国又采用青岛验潮站 1953—1977 年 25 年的潮汐记录资料推算出的大地水准面为基准引测出水准原点的高程为 72.260m，以这个大地水准面为高程基准建立的高程系称为"1985 国家高程基准"，简称"85 高程基准"。在水准原点，85 高程基准使用的大地水准面比 56 黄海系使用的大地水准面高出 0.029m。

# 项目四　测量的基本任务和原则

## 一、地面点确定方法

### （一）测绘

利用测量技术手段测定地面点的空间位置并以图象、图形或数据等信息形式表示出来的过程称测绘。

有地面上三个点 $A$、$B$ 和 $C$，其空间位置经测绘技术处理后用数据形式表示为：

$$a(X_a, Y_a, H_a);$$
$$b(X_b, Y_b, H_b);$$
$$c(X_c, Y_c, H_c)$$

### （二）测设

利用测量技术手段把设计拟定的地面点标定到地面上称测设。由于测设往往是将设计的建筑物图样标定在实地上，故亦称放样。

## 二、测绘工作基本原则

### （一）整体原则

整体原则，即"从整体到局部"原则。任何测绘工作都必须先总体布置，然后分期、分区、分项实施，任何局部的测量技术过程必须服从全局的定位要求。

### （二）控制原则

控制原则，即"从控制到碎部"原则。无论测绘或测设，其技术过程都必须先布设全国的或全测区的平面和高程控制网，确定控制点的平面坐标和高程作为定位的基准，然后在此基础上进行细部测绘或具体建（构）筑物的放样。这样做可以控制测量过程中误差的积累，保证测绘成果的质量。

### （三）检核原则

检核原则，即"步步检核"原则。地面点的定位必须以"正确"为前提，对每一个操作，每一个过程，每一个数据，每一项成果都必须采用各种检核方法和手段验证其正确与否。检核原则应贯穿于地面点定位的全过程。只有确保上一工序成果无误后，方可进行下一工序的作业。这样才能保证测绘成果的可靠性。

# 模块二　水准测量

## 模块概述

在实际建筑工程活动中,高程测量是一项重要的工作,例如依据业主提供的地面控制点,由该已知地面控制点向施工现场内引测施工水准点等;在建筑施工测量中,依据已知点的高程测设未知点的高程等,是小区域控制测量、建筑施工测量等工程实践活动中的必要环节,本模块重点讲解普通水准测量的内业与外业工作,水准测量的精度要求及误差分析,以及精密水准测量的一般程序等内容。

## 知识目标

◆ 熟悉水准测量原理。
◆ 掌握水准仪的基本构造及操作方法。
◆ 掌握普通水准测量的基本步骤和内业计算方法。
◆ 了解精密水准仪的知识及操作程序。

## 技能目标

◆ 能够根据已知高程点,勘查现场条件布置水准路线。
◆ 能够按普通水准测量精度要求进行未知高程点的测量工作。
◆ 能够简单对水准测量精确度进行分析与评价。

## 素质目标

◆ 培养学生严谨认真的工作态度。
◆ 培养学生相互配合、相互协作的团队精神。

## 课时建议

10 课时

# 项目一　高程测量的概述

地面上一点的高程是指该点到大地水准面的垂直距离,此距离称为绝对高程(或称为海拔),以 $H$ 表示;地面上一点到假定水准面的垂直距离,称为该点的相对高程(或称假定高程),用 $H'$ 表示。地面上两点高程之差叫高差,以 $h$ 表示。地面上点的高程一般指绝对高程。高程测量按所使用的仪器和施测的方法不同,主要有水准测量、三角高程测量和气压高程测量等方法,其中水准测量是最常用和精度较高的一种方法。

在高程测量工作中,假若测量的地面点位较少,精度要求不是很高,通常采用一般测量方法,即普通或复合水准测量,用微倾水准仪(DS$_3$、DS$_{10}$ 等)即可满足精度要求;假若测量的地面点位较多,精度要求较高,往往要建立高程控制网,再根据高程控制点测定地面点的高程。所采用仪器大多为 DS$_{0.5}$、DS$_1$、DS$_3$、自动安平水准仪等精度较高仪器。高程控制测量采用的方法是水准测量和三角高程测量,近年来,电磁波测距仪的广泛使用,用电磁波测距仪进行三角高程测量(称为电磁波测距三角高程测量)得到大量运用。

为了科学研究、经济建设及测绘地形图的需要,我国已在全国范围内建立了统一的高程控制网,分成一、二、三、四等级,一、二等称为精密水准测量。以精度来说,一等最高,四等最低,低一级受高一级控制。这些高程控制点都是用水准测量的方法测定,所以这些高程控制点亦称为水准点。国家高程控制网的布设方案,是遵循从"整体到局部,逐级控制,逐级加密"的原则,其测量过程遵循"先整体后局部"的原则。我国采用青岛的黄海平均水面作为高程起算面,并建立了青岛水准点(它比黄海平均海水面高 72.289m),作为我国水准点高程推算的依据。

除了国家等级水准测量外,为了满足局部范围内的工程建设和测图的需要,一些工程部门及城市勘测部门也进行一、二、三、四等工程水准测量。这些水准测量都是以国家水准测量的三、四等水准点为起始点,再布设加密水准点进行水准测量。上述各等水准点都可作为高程的基本控制点。有时在一个作业区内找不到国家水准点,就可以根据具体情况选定一个点,并给它假定一个高程,依次推算整个测区的高程。

# 项目二　　水准测量的原理

## 一、测量 AB 两点间高差

水准测量的原理:是利用水准仪提供的水平视线配合水准尺测定地面点之间的高差,然后根据高差和已知点的高程,推算其他未知各点的高程。以图 2-1 来说明其原理,假定

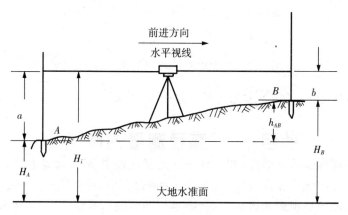

图 2-1　水准测量原理

$A$ 点的高程为 $H_A$，要测量 $B$ 点的高程，先在 $A$、$B$ 两点上各立一根带有刻划的尺子，并在 $A$、$B$ 两点间安置一台能提供水平视线的水准仪，通过观测就可计算 $B$ 点高程。

设水平视线在 $AB$ 尺上的读数分别为 $a$、$b$，从图中可知 $A$、$B$ 间高差为：

$$h_{AB} = a - b \tag{2-1}$$

如果测量工作是从 $A$ 点向 $B$ 进行的，则称 $A$ 点为后视点，$B$ 点为前视点，读数 $a$、$b$ 分别称为后视读数和前视读数，$A$、$B$ 两点间高差等于后视读数 $a$ 减去前视读数 $b$。当 $B$ 点高于 $A$ 点 $(a > b)$ 时，高差为正，反之则高差大小相等符号相反（为负）。

## 二、计算高程

由于 $B$ 点高程已知，根据所测高差 $h_{AB}$，可用高差法计算 $B$ 点

$$H_B = H_A + h_{AB} = H_A + (a - b) \tag{2-2}$$

式中，后视点高程 $H_A$ 与后视读数 $a$ 的代数和就是视线高程，用 $H_i$ 表示，则 $B$ 点高程还可以用视线高法计算：

$$H_B = H_i - b = (H_A + a) - b \tag{2-3}$$

视线高法只需安置一次仪器就可测出多个前视点的高程。此法常用于施工测量中。

在实际水准测量中，$A$、$B$ 两点间高差可能较大或相距较远，超过了允许的视线长度，安置一次水准仪（即一个测站）不能测定这两点间高差。此时可沿 $A$ 点至 $B$ 点的水准路线中间增设若干个必要的临时立尺点，称为转点（其作用是用来传递高程），根据水准测量的原理依次连续地在两个立尺点中间安置水准仪来测定相邻各点间高差，最后取各个测站高差的代数和，即求得 $A$、$B$ 两点间高差，这种方法称为连续水准测量。如图 2-2 所示，欲求 $A$、$B$ 两点间高差 $H_{AB}$，在 $A$ 点至 $B$ 点水准路线中间增设 $(n-1)$ 个临时立尺点（转点）TP.1……TP.$n-1$，安置 $n$ 次水准仪，依次连续地测定相邻两点间高差 $h_1—h_n$，即

$$h_1 = a_1 - b_1$$

$$h_2 = a_2 - b_2$$

$$\cdots \quad \cdots$$

$$h_n = a_n - b_n$$

则
$$h_{AB} = h_1 + h_2 + \cdots\cdots + h_n = \sum h = \sum a - \sum b \tag{2-4}$$

式中，$\sum a$ 为后视读数之和，$\sum b$ 为前视读数之和，则未知点 $B$ 的高程为

$$H_B = H_A + h_{AB} = H_A + (\sum a - \sum b) \tag{2-5}$$

为了保证高程传递的正确性，在连续水准测量过程中，不仅要选择土质稳固的地方作为转点位置（需安放尺垫），而且在相邻测站的观测过程中，要保持转点稳定不动；同时要尽可能保持各测站的前后视距大致相等；还要通过调节前后视距离，尽可能保持整条水准路线中的前视视距之和与后视视距之和相等，这样有利于消除（或减弱）地球曲率和某些仪器

误差对高差的影响。

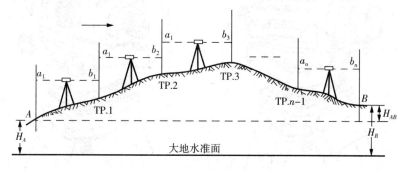

图 2-2　连续水准测量

# 项目三　　水准仪和水准尺

　　水准仪是水准测量的主要仪器,按水准仪所能达到的精度分为 $DS_{0.5}$、$DS_1$、$DS_3$ 和 $DS_{10}$ 等几种。"D"是我国对大地测量仪器规定的总代号,通常在书写时可以省略,"S"是水准仪的代号,下标 0.5、1、3、10 是指各等级水准仪每公里往返测高差中数的中误差,以毫米(mm)计。目前,我国水准仪是按仪器所能达到的每公里往返高差中数的中误差这一精度指标划分的,可分为精密水准仪如 $DS_{0.5}$ 型和 $DS_1$ 型水准仪,用于国家一、二等水准测量及其他精密水准测量;普通水准仪如 $DS_3$ 和 $DS_{10}$,用于国家三、四等水准测量及一般工程水准测量。

　　水准仪按构造分为:微倾水准仪,望远镜和水准器可在垂直面内作微小仰俯,通过观测水准气泡来判别望远镜视线是否水平;自动安平水准仪,它能半自动地提供水平视线,即当圆水准气泡居中后,望远镜的视线自动水平;激光水准仪,它安装有激光发射管,能发射一束可见的水平方向的激光,对建筑工地的施工测量极为方便。本节主要介绍 $DS_3$ 型水准仪、自动安平水准仪的构造及其使用。

## 一、$DS_3$ 微倾水准仪的构造

　　图 2-3 为 $DS_3$ 型水准仪,它主要由望远镜、水准器、基座等几部分组成。仪器通过基座与三脚架连接,支撑在三脚架上。基座下面有三个脚螺旋,用来粗略整平仪器。基座上有托板,托板支撑望远镜和水准器。托板上装有圆水准仪器、微倾螺旋及水平制动螺旋和微动螺旋。望远镜旁装有水准管,旋转微倾螺旋可以使望远镜微微仰俯,水准管也随之仰俯。当水准管气泡居中时,望远镜的视线水平。仪器在水平方向的转动是由水平制动螺旋和水平微动螺旋来控制的。

### (一) 望远镜

　　望远镜是用来精确瞄准远处目标(标尺)和提供水平视线进行读数的设备,如图 2-4(a)所示。它主要由物镜、目镜、调焦透镜、对光螺旋及十字丝分划板等组成,图 2-4(b)是从目镜中看到的经过放大后的十字丝分划板上的像。十字丝分划板是用来准确瞄准目标用的,中间一根长横丝称为中丝,与之垂直的一根丝称为竖丝,与中丝上下对称的两根短横

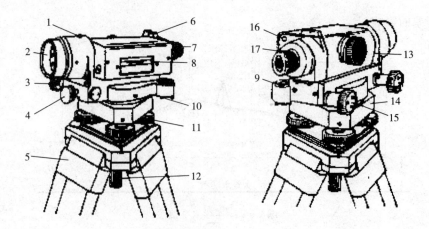

图 2-3 DS₃ 水准仪

1—准星；2—物镜；3—微动螺旋；4—制动螺旋；5—三脚架；6—照门；7—目镜；8—水准管；
9—圆水准器；10—圆水准器校正螺旋；11—脚螺旋；12—连接螺旋；13—物镜调焦螺旋；
14—基座；15—微倾螺旋；16—水准仪管气泡观测窗；17—目镜调焦螺旋

丝称为上、下丝(又称为视距丝)。在水准测量时,用中丝在水准尺上进行前后视读数,用于计算高差,用上、下丝在水准尺上读数,用于计算水准仪至水准尺上的距离(视距测量)。

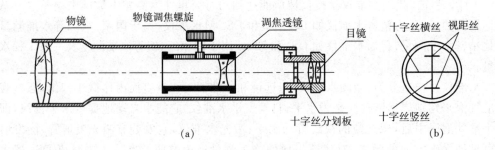

图 2-4　望远镜

## (二) 水准器

水准器是水准仪上的重要部件,它是利用液体受重力作用后使气泡居于最高处的特性,指示水准器的水准轴位于水平或竖直位置的一种装置,从而使水准仪获得一条水平视线。水准器分为圆水准器和管水准器两种.

### 1. 管水准器

管水准器是内壁纵向磨成圆弧状的玻璃管,管上对称刻有间隔为 2mm 的分化线,管水准器内壁圆弧中心点为管水准器的零点 $O$,过管水准器零点的切线 $LL$ 平行于视准轴,如图 2-5(a) 所示。管内装有酒精和乙醚的混合液,加热密封冷却后形成一个小长气泡,因气泡较轻,故处于管内最高处。当气泡居中时,管水准器水平,此时若 $LL$ 平行于视准轴,则视准轴也水平。通常根据水准气泡两端距水准管两端刻划的格数相等的方法来判断水准气泡是否精确居中,如图 2-5(b)。

水准管上两相邻分化线间的圆弧(弧长 2mm)所对的圆心角,称为水准管分化值 $\tau''$,用公式表示为:

$$\tau'' = \frac{2}{R} = \rho''$$

(2-6)

式中：$\rho'' = 206265''$，表示一弧度所对应的角度秒值，即

$$\rho'' = \frac{180°}{\pi} \times 60 \times 60 = 206264.806'' \approx 206265''$$

$R$—— 水准管圆弧半径，单位：mm。

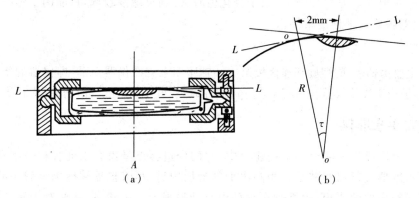

图 2-5　管水准器

上式说明分化值 $\tau''$ 与水准管圆弧半径 $R$ 成反比。$R$ 愈大，$\tau''$ 愈小，水准管灵敏度愈高，则定平精度也愈高，反之定平精度就低。DS$_3$ 型水准仪的管水准器的分化值一般为 $20''/2mm$，表明气泡移动一格，水准管轴倾斜 $20''$。为提高水准仪管气泡居中精度，在水准仪管上方安装一组符合棱镜，如图 2-6。通过符合棱镜的反射作用，把水准管气泡两端的影像反映在望远镜旁的水准管气泡观测窗内，当气泡两端的两个半像复合成一个圆弧时，就表示水准管气泡居中，如图 2-6(a) 所示；若两个半像错开，则表示水准管气泡不居中，如图 2-6(b) 所示，此时可转动位于目镜下放的微倾螺旋，使气泡两端的半像严密吻合（即居中），达到仪器的精密置平。这种配有符合棱镜的水准器，称为符合水准器。它不仅便于观察，同时可以使气泡居中精度提高一倍。

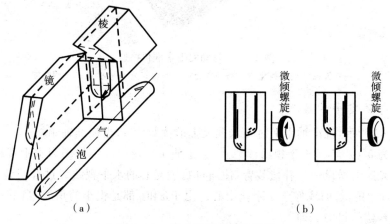

图 2-6　管水准器与符合棱镜

### 2. 圆水准器

它是用于粗略整平仪器的水准器，如图2-7所示。圆水准器顶面的内壁磨成圆球面，顶面中央刻有一个小圆圈，其圆心 $O$ 成为圆水准器的零点，过零点 $O$ 的法线 $LL'$，称为圆水准器轴。由于它与仪器的旋转轴（竖轴）平行，所以当圆气泡居中时，圆水准器轴处于竖直（铅垂）位置，表示水准仪的竖轴也大致处于竖直位置。DS₃水准仪圆水准器分化值一般为 $8'/2mm$。由于分化值较大，则灵敏度较低，只能用于水准仪的粗略整平，为仪器精确置平创造条件。

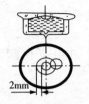

图2-7 圆水准器

### （三）基座

基座主要由轴座、脚螺旋和连接板组成。轴座用来支撑仪器上部，即仪器的望远镜和水准器，连接板用来连接仪器与三脚架，通过调节脚螺旋可使圆水准气泡居中，从而整平仪器。

## 二、自动安平水准仪

目前已经广泛用于测绘和工程建设中，它的构造特点是没有水准管和微倾螺旋，而只有一个圆水准器进行粗略整平。当圆水准气泡居中后，尽管仪器视线仍有微小的倾斜，但借助仪器内补偿器的作用，视准轴在数秒内自动呈现为水平状态，从而对于施工场地地面的微小震动、松软土地的仪器下沉和风吹刮时的视线微小倾斜等不利情况，能够迅速自动地安平仪器，有效地减弱外界影响，有利于提高观测精度（图2-8）。

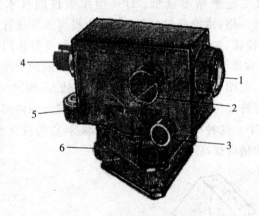

图2-8 自动安平水准仪构造

1—物镜；2—对光螺旋；3—微动螺旋；4—目镜；5—圆水准器；6—脚螺旋

### （一）视线自动安平的原理

如图2-9所示，视准轴水平时在水准尺上的读数为 $a$，当视准轴倾斜一个小角 $\alpha$ 时，此时视线读数为 $a'$（$a'$ 不是水平视线读数）。为了使十字丝中丝读数仍为水平视线的读数 $a$，在望远镜的光路上增设一个补偿装置，使通过物镜光心的水平视线经过补偿装置的光学元件后偏转一个 $\beta$ 角，仍旧成像于十字丝中心。由于 $\alpha$ 和 $\beta$ 都是很小的角度，当下式成立时，就能达到自动补偿的目的。即

$$f \times \alpha = d \times \beta \qquad (2-7)$$

式中，$f$——物镜到十字丝分划板的距离；

$\quad\quad\quad d$——补偿装置到十字丝分划板的距离。

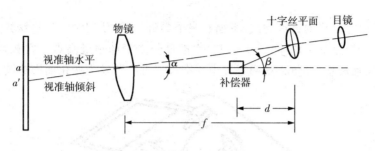

图 2-9　视线自动安平原理

## （二）自动安平水准仪的使用

使用自动安平水准仪和微倾水准仪的方法大同小异。首先，用脚螺旋将圆水准器气泡居中（粗略整平），然后即可瞄准水准尺进行读数。国产的 DSZ₃ 型自动安平水准仪圆水准仪器的分化值为 $8'/2mm$，补偿器作用的范围是 $\pm 8'$，所以，只要使圆水准器气泡居中并不越出圆水准器中央的小黑圆圈范围，补偿器就会产生自动"安平"的作用。但使用自动安平水准仪仍应认真进行粗略整平。由于补偿器相当于一个重力摆，不管是空气阻尼还是磁性阻尼，其重力摆静止稳定约需过 $2''$，故瞄准水准尺约过 $2''$ 钟后再读数为好。有的自动安平水准仪配有一个键或自动安平钮，每次读数前应按一下键或按一下钮才能读数。否则补偿器不起作用。使用时应仔细阅读仪器说明书。

## 三、水准尺及尺垫

水准尺是水准测量的重要工具，其质量的好坏直接影响水准测量的精度，因此它是采用不易变形并且干燥的优良木材或玻璃钢制成，要求尺长稳定，刻划准确。水准尺常用的有塔尺和直尺两种，直尺又分为单面尺和双面尺（红黑面尺），如图 2-10。

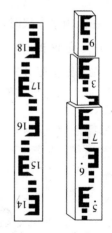

### （一）双面尺

双面尺多用于较精密的水准测量，其长度为 $3 \sim 5m$。在尺面上每隔 1cm 涂有黑白或红白间隔的分格，每分米处注有数字，数字一般是倒写的，以便观测时从望远镜中看到的是正像字。单面尺是在一面有刻划，而双面尺是在两面均有刻划。双面尺的一面是

图 2-10　水准尺

"黑面尺"（主尺），另一面是"红面尺"（辅尺）。通常用两根尺组成一对进行水准测量，两根黑面尺尺底均从零开始，而红面尺尺底固定数值为 4687mm 或 4787mm 开始，此固定数值称为零点差（或红黑面常数差），目的在于水准仪测量中，以校核读数正确，避免凑数而发生错误。

### （二）塔尺

一般用于普通水准测量，长度为 3m 或 5m，它是由 3 段或 5 段套接而成。尺的底部为零点，尺上分化为黑白（或红白）相间，每格宽度为 1cm 或 0.5cm，每分米处注有数字，分米的

正确位置有以字顶和字底为准两种。超过1m则在数字上加点表示，如 $\overset{.}{7}$ 表示1.7m，$\overset{..}{7}$ 表示2.7m。也有直接用1.7m，2.7m表示的。塔尺可以伸缩携带方便，但接头处易损坏，影响尺的精度。

尺垫一般由三角形的铸铁制成，下面有三个尖脚，便于使用时将尺垫踩入土中，使之稳固。上面有一个突起的半球体(图2-11)，水准尺竖立于球顶最高点。在普通水准仪测量中，转点处应放置尺垫，以防止观测过程中水准尺下沉位置发生变化而影响读数。

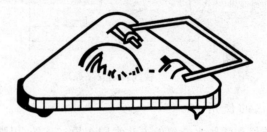

图2-11　尺垫

三脚架是水准仪的附件，用以安置水准仪，由木质(或金属)制成，垫脚架一般可伸缩，便于携带及调整仪器高度，使用时用中心连接螺旋与仪器固紧。

# 项目四　　水准测量方法

## 一、水准仪的使用

在使用水准仪时，一般包括安置仪器、粗略整平、瞄准目标、精确置平与读数等步骤。

### (一)安置仪器

在测站上张开三脚架，调节架脚长度使仪器高度与观测者身高相适应，目测架头大致水平，取出仪器放在架头上，用连接螺旋将其与三脚架连紧，并固定三只架脚。

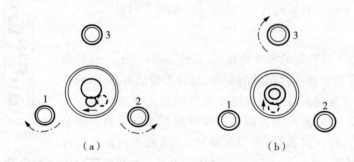

(a)　　　　　　　　　(b)

图2-12　圆水准器整平

### (二)粗略整平(粗平)

粗平即粗略整平仪器，通过调节三个脚螺旋使圆水准器的气泡居中，从而使仪器的竖轴大致铅垂。具体做法如图2-12(a)所示，外围三个圆圈为脚螺旋，中间是圆水准器，虚线圆圈代表气泡所在位置。首先用双手按箭头所指方向转动脚螺旋1、2，使圆气泡移到两个

建筑工程测量

脚螺旋连线方向的中间,然后再按图 2-12(b)中箭头所指方向,用左手转动脚螺旋,使圆气泡居中(即位于黑圆圈中央)。在整平的过程中,气泡移动的方向与左手大拇指转动脚螺旋时的移动方向一致。

## (三)瞄准目标

首先将望远镜对着远处明亮的背景(如天空或明亮物体等),转动目镜调焦螺旋,使望远镜内的十字丝清晰;松开制动螺旋,转动望远镜,用望远镜筒上的瞄准器瞄准水准尺,粗略进行物镜调焦(即转动对光螺旋)使在望远镜内看到水准尺的影像,此时立即拧紧制动螺旋,转动水平微动螺旋,使十字

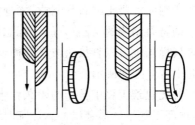

图 2-13　符合水准气泡符合

丝的竖丝对准水准仪或靠近水准尺的一侧,如图 2-13 所示。再转动对光螺旋进行仔细对光,在对光时观测者眼睛靠近目镜上下微微移动,看十字丝交点是否在目标影像上相对移动,如有移动说明有视差出现,继续调节对光螺旋,直至消除视差。

## (四)精确整平与读数

精确整平又称为精平,是指在读数前转动微倾螺旋使符合水准气泡符合,从而使视准轴精确水平(自动安平水准仪没有精平这一操作程序)。它的做法是:转动位于目镜右下方的微倾螺旋,从气泡观察窗(目镜左下方)内看符合水准器的两端气泡半影像对齐(即管水准气泡居中)是否对齐,若对齐,则说明管水准气泡居中(图 2-14)。由于气泡移动的惯性,因此在转动微倾螺旋时要缓慢而均匀。调节微倾螺旋的规律是向前旋为抬高目镜端,向后旋是降低目镜端。调节时,微动螺旋转动的方向与左半边气泡影像移动方向一致,或可由外部观测气泡偏离的位置,来决定旋转方向。

当仪器精平后,立即用十字丝的中丝在水准尺上读数。读数时应从小到大,由上而下进行读数,直接读米、分米、厘米,估读到毫米。如图 2-14 中,读数为 1.274m 和 0.560m。读数完毕后重新立即检查符合水准仪气泡是否仍旧居中,如仍居中,则读数有效,否则应重新使符合气泡居中后再读数。

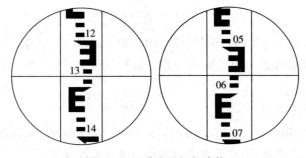

图 2-14　瞄准目标与读数

# 二、水准测量方法

## (一)水准点

水准点就是用水准测量的方法测定的高程控制点。水准点按水准仪测量的等级,根据

地区气候条件与工程的需要,每隔一定的距离埋设不同类型的永久性或临时性水准标志或标石,水准标志或标石应埋设于土质坚实、稳固的地面或地表以下合适的位置,必须便于长期保存有利于观测与寻找。国家等级永久性水准点埋设形式如图 2-15 中左上方图所示,一般用钢筋混凝土或石料制成,深埋到地面冻结线以下。标石顶部嵌有不锈钢或其他不易锈蚀的材料制成的半圆形标志,标志最高处(球顶)作为高程起点基准。有时永久性水准点的金属标志也可以直接镶嵌在坚固稳定的永久性建筑物的墙脚上,称为墙上水准点,如图 2-15 中右上方图所示。

各类建筑工程中常用的永久性水准点一般用混凝土或钢筋混凝土制成,如图 2-15a 所示,顶部设置半球形金属标志。临时性水准点可用木桩打入地下,如图 2-15b 所示,桩顶面钉入一个半圆球形铁钉,也可以直接把大铁钉(钢筋头)打入沥青路面或在桥台、房基石、坚硬岩石上刻上记号(用红油漆示明)。

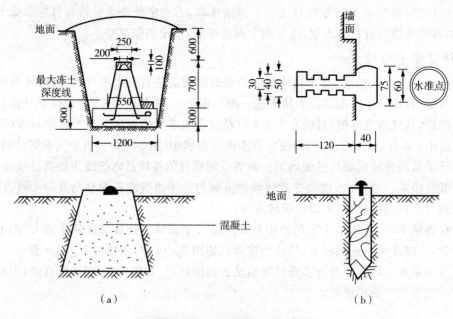

(a)                                        (b)

图 2-15    各种水准点

为了便于寻找,水准点要进行编号,编号前一般冠以"BM"字样,并绘出水准仪点与附近固定建筑物或其他明显地物关系的草图,称为"点志记",作为水准测量的成果一并保存。

## (二)普通水准测量方法

当地面上两点相距较远或高差较大时,在其间安置一次仪器无法测出高差,而需要连续施测若干站,才能测出高差,这种水准测量称为复合水准仪测量。如图 2-16 所示,欲测 $A$、$B$ 两点高差,必须在 $A$、$B$ 两点选择若干个临时立尺点如 1、2、3… 依次测定各相邻两点的高差,最后计算 $A$、$B$ 两点的高差 $h_{AB}$。观测步骤如下:

1. 在 $A$ 点及路线前进方向选定的临时立尺点 1 上,分别竖立水准尺 $a$ 和 $b$,在 $A$、1 两点之间位置安置水准仪,利用脚螺旋使圆水准气泡居中。

2. 照准 $A$ 点水准尺,精平,用中丝读取后视读数 $a_1$。

3. 转动望远镜照准 1 点的水准尺，精平，按中丝读取前视读数 $b_1$。该测站高差为：$h_1 = a_1 - b_1$。以上为一个测站的观测程序。

4. 按图 2-16 中的箭头方向，将 A 点的水准尺立于 2 点（前视点），1 点水准尺的尺面翻转过来，由第一站的前视点变为第二站的后视点，在 1 点、2 点的中间位置安置水准仪，依上述方法观测第二站，其高差为：$h_2 = a_2 - b_2$。

如此继续施测，直至终点 B 为止，设共安置了 $n$ 次仪器，就可以测出一个总高差。依据水准测量原理（公式 2-4），A、B 两点间高差为：

$$h_{AB} = h_1 + h_2 + \cdots + h_n$$

$$= (a_1 + a_2 + \cdots + a_n) - (b_1 + b_2 \cdots + b_n)$$

$$= \sum a(后视读数总和) - \sum b(前视读数总和)$$

如果 A 点高差已知，则 B 的高差（公式 2-5）为：

$$H_B = H_A + h_{AB}$$

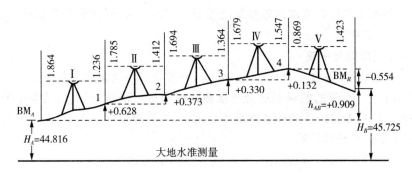

图 2-16　复合水准仪测量

# 项目五　　水准测量的校核方法

## 一、水准测量的精度要求

在水准测量中，由于的仪器本身存在着检验校正后的残余误差、水准尺的长度误差、观测过程中水准气泡不居中误差、读数误差、水准尺倾斜误差、外界自然环境条件和观测时天气状况等的影响，使测得的高差数据总是不可避免地存在着误差。在研究产生误差的规律及总结实践经验的基础上，规定了误差的容许范围（即精度要求），以 $f_{h容}$ 表示。如果测量成果的误差小于容许误差，就认为精度符合要求，成果可以使用，否则需要查明原因进行重测。不同等级的水准测量所规定的精度要求也不同，对于普通水准测量（等外级水准测量）的精度要求是：

$$f_{h容} = \pm 40\sqrt{L}\,\text{mm} \quad (\text{平地}) \tag{2-8}$$

或
$$f_{h容} = \pm 12\sqrt{n}\,\text{mm} \quad (\text{山地}) \tag{2-9}$$

式中，$L$—— 水准路线全长，以千米为单位；

$\quad\quad n$—— 测站数。

当每千米测站数多于 15 个时才用(2-9)式。

## (一)水准测量的校核方法与平差

为了能及时地发现和纠正错误，使观测成果达到规定的精度要求，水准测量必须进行校核。校核的方法分为测站校核和水准路线成果校核两种。

### 1. 测站校核

对每一测站的高差进行校核称为测站校核。其方法是：

(1) 双仪高法：在一个测站上用不同的仪器高度测出两次高差，即在测得第一次高差后，改变仪器高度 0.1m 以上，再测一次高差。当两次所测高差之差≤5mm 时，认为观测值符合要求，取其平均值作为该测站高差的结果。若超限，则应再改变仪器高度重测，直至符合要求为止。

(2) 双面尺法：测时不改变仪器高度，采用双面尺的红、黑两面两次测量高差，进行校核。若红、黑两面尺测量的两次高差数值之差值≤5mm 时，观测值符合要求，取其平均值作为该测站高差的数值。

### 2. 水准路线校核与平差

由于测站校核难以发现立尺点变动的错误、外界自然环境条件引起的误差、人为误差、仪器误差等，而每一个测站的误差还会在水准路线测量中积累，积累的结果使最终误差超限，所以必须进行水准路线成果校核与平差。因此，水准测量外业结束后，还要对水准路线的高差测量成果进行校核计算。

测量上把水准路线高差观测值与理论值之差叫水准路线高差闭合差。在不同的水准路线上，高差闭合差的计算公式是不同的。

(1) 水准路线：水准路线是指由已知水准点开始或在两已知水准点之间按一定形式进行水准测量的测量路线。根据测区已有水准点的实际情况和测量的需要以及测区条件，水准路线可以布设成单一路线状、网状或环状[图 2-17(d)]，单一路线状一般常见的布设有以下几种形式：

1) 附合水准路线：从一个已知高程的水准点 $BM_A$ 开始，沿待定高程的 1、2、3 等点进行水准测量，最后再连测到另一个已知高程的水准点 $BM_B$，这种路线叫附合水准路线，如图 2-17(c) 所示，在图中，$n_1$、$n_2$、$n_3$、$n_4$…$n_n$ 为各个测段的测站数，$h_1$、$h_2$、$h_3$、$h_4$…$h_n$ 为各测段的高差。其高差闭合差的计算公式为：

$$f_h = (h_1 + h_2 + h_3 + h_4 + \cdots + h_n) - (H_{BMB} - H_{BMA}) = \sum h_{测} - (H_B - H_A)$$

$$\tag{2-10}$$

2) 闭合水准路线：从一个已知高程的水准点 $BM_A$ 开始，沿环形路线测定 1、2、3 等点高程进行水准测量，最后仍回到起始水准点 $BM_A$，这种路线叫闭合水准路线，如图 2-17(b)

所示。

$$f_h = (h_1 + h_2 + h_3 + h_4 + \cdots + h_n) = \sum h_{测} \qquad (2-11)$$

3) 支水准路线：从已知高程的水准点 $BM_A$ 开始，沿待测的高程点 1、2、3 等点进行水准测量，最后即没有闭合到原水准点，也没有符合到另一个已知水准仪点，这种路线叫支水准路线，如图 $2-17(a)$。

$$f_h = |h_{往}| - |h_{返}| \qquad (2-12)$$

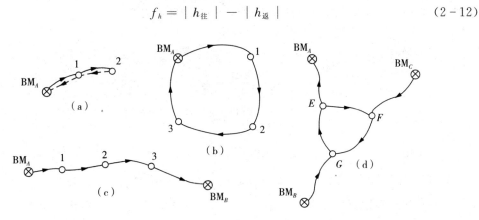

图 2-17　水准仪路线

（2）水准路线的校核与平差

水准路线的校核与平差包括内容有：水准路线高差闭合差的计算与校核；高差闭合差的分配和计算改正后的高差；计算各点改正后的高程。

1) 附合水准路线：从图 $2-17(c)$ 可以看出，该路线是从一个已知高程的水准点 $BM_A$ 开始，经过若干点高程的测量后，符合到另一个已知高程的点 $BM_B$ 上，$A$、$B$ 这两个点之间的高差 $h_{AB}$ 是一个固定值，即 $h_{AB} = H_B - H_A$。

附合水准路线在观测中应满足的条件是：各段高差的总和（$\sum h_{测}$），应等于两已知点的高程之差（$H_B - H_A$），即 $\sum h_{测} = \sum h_{理} = (H_B - H_A)$。

但是，在测量的过程中，由于仪器误差、观测误差、外界自然条件影像造成的误差等综合影响，使得测量结果和理论值不符合，由此产生高差闭合差（高差闭合差实质就是水准仪测量中各种误差的综合反映）其值为：$f_h = \sum h_{测} - \sum h$。

普通水准测量高差闭合差的容许值可按（$2-8$）或（$2-9$）式计算。若高差闭合差在容许范围内，即 $|f_h| \leqslant |f_{h容}|$，便可以进行闭合差的调整和计算高程。

水准测量高差闭合差的分配，在平坦地区，应按路线的长度成正比例进行分配；而在山区应按测站数的多少成正比例分配，因为山区地形复杂，进行水准仪测量时，安置仪器的测站数较多，闭合差由于测站数的增多而增加，因此闭合差的分配要按测站数成比例分配。

在同一条水准路线上，可以认为观测条件是基本相同的（即各测站产生的误差是相等的）。故在调整闭合差时是将闭合差以相反的符号，按与测站数或距离成正比例的原则分配于各段的高差中，即

$$\text{某一段的改正数} = -\left[\frac{\text{高差闭合差}}{\text{测站数(或路线全长)}} \times \text{某测段的测站数(或某测段距离)}\right]$$

$$(2-13)$$

将各测段的高差加改正数,就得到改正后的高差。再依改正后的高差和起点高程,推算出各个中间测点的高程。

**例 2-1** 如图 2-18,为一附合水准路线观测成果示意图,各测段的测站数和高差均注于图上,求 1、2、3 各点的高程。其计算过程如下,结果见表 2-1。

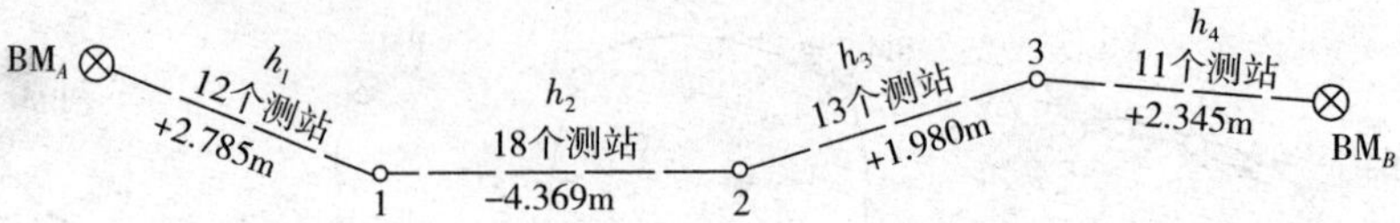

图 2-18　附和水准路线观测示意图

**解:**

(1) 计算 $f_h$

先分别计算出 $\sum n = 54$,$\sum h_{测} = +2.741\text{m}$,$\sum h_{理} = 59.039 - 56.345 = +2.694(\text{m})$,然后根据公式(2-9)求出 $f_h = +2.741 - 2.694 = +47(\text{mm})$,并将计算结果填入表 2-1 中。

(2) 计算 $f_{h容}$

$f_{h容} = \pm 10\sqrt{n} = \pm 10\sqrt{54} = \pm 73(\text{mm})$,填入表 2-1 中的辅助计算中。

(3) 高差闭合差调整

经过以上的计算,可以看出:$+47\text{mm} < +73\text{mm}$(即 $|f_h| < |f_{h容}|$),因此可以用公式(2-13)计算出每站的高差改正数,将结果填入表 2-1 中。最后,将所有的改正数合计,它的数值应是与高差闭合差相等,符号相反。

(4) 计算各点高程

先计算出各测段改正后的高差,改正后高差 $h'$ 各段实测高差加各段高差改正数,然后用公式 $\sum H_{BMB} - H_{BMA}$ 进行校核,确认无误后,根据 $BM_A$ 点高程和各测段改正后高差分别计算各待测点高程,并将结果填入表中,最后用再计算 $BM_B$ 点高程以作校核。

2) 闭合水准路线:从图 2-17(b) 中可以看出,闭合水准路线高差理论值 $\sum h_{理}$ 应等于其观测值 $\sum h_{测}$,故其高差闭合差理论上应等于零,但实质上不等于零,其值为:$f_h = \sum h_{测} - \sum h_{理} = \sum h_{测}$。

高差闭合差容许值的计算和闭合差的调整均与附合水准路线相同。

3) 支水准路线:如图 2-17(a) 所示,支水准路线一般无法直接校核,只有采用往返观测进行校核,往返观测闭合差的理论值为零,其高差闭合差为:

$$f_h = \sum h_{往} - \sum h_{返} = |h_{往}| - |h_{返}|$$

高差闭合差的容许值的计算与附合水准路线相同。当高差闭合差在在容许范围内时,则分段取往返测高差的平均值,用往测高差的符号,作为改正后高差,再从起点沿往测方向推算各点高程。

表 2-1　附合水准仪路线高差调整及高程计算表

| 点号 | 测站数 | 观测高差<br>(m) | 改正数<br>(mm) | 改正后高差<br>(m) | 高程<br>(m) | 备注 |
|------|--------|-----------------|----------------|-------------------|-------------|------|
| BM$_A$ | 12 | +2.785 | -10 | +2.775 | 56.345 | 已知 |
| 1 |  |  |  |  | 59.120 |  |
|  | 18 | -4.369 | -16 | -4.385 |  |  |
| 2 |  |  |  |  | 54.735 |  |
|  | 13 | +1.980 | -11 | +1.969 |  |  |
| 3 |  |  |  |  | 56.704 |  |
|  | 11 | +2.345 | -10 | +2.335 |  |  |
| BM$_B$ |  |  |  |  | 59.039 | 已知 |
| $\sum$ | 54 | +2.741 | -47 | +2.694 |  |  |
| 辅助计算 | | | | | | |

$$f_h = \sum h_{测} - \sum h_{理} = \sum h_{测} - (H_{BMB} - H_{BMA})$$
$$= 2.741 - (59.039 - 56.345) = +47 (\text{mm})$$
$$\sum n = 54, f_{h容} = \pm 10\sqrt{n} = \pm 10\sqrt{54} = \pm 73(\text{mm}), |f_h| \leqslant |f_{h容}|$$

## 二、水准测量的注意事项

在水准测量工作过程中,常会由于读数、仪器操作、外界条件等因素的影响,不可避免会产生误差。因此,在实际工作中,为了杜绝可以避免的错误,减少工作中的误差,提高观测精度和工作效率,我们先简单分析一下测量误差的来源,在此基础上,对水准测量工作提出一些注意事项。

水准测量误差主要来源于仪器、观测者和观测时的外界条件。

### (一)仪器误差

#### 1. 残余误差

由于仪器校正不完善,校正后仍存在部分误差,如 $i$ 角误差等。这个 $I$ 角残余误差对高差的影响为 $\Delta h$,即

$$\Delta h = x_1 - x_2 = \frac{i''}{\rho''}(D_A - D_B) = \frac{I''}{\rho''}(D_A - D_B) \tag{2-14}$$

式中,$(D_A - D_B)$——前后视距之差;

$x_1 - x_2$——角残余误差对读数的影响。

#### 2. 水准尺误差

由于水准尺刻划不准、尺长变化、弯曲等原因影响测量成果精度,因此水准尺要经过检验后才能使用。

### (二)观测误差

#### 1. 气泡居中误差

气泡居中的条件在读数的前、后瞬间都应该满足,以保证视线在读数过程中处于水平

位置。符合水准器的气泡居中误差与水准管分化值 $\tau''$、视线长度 $D$ 成正比:

$$m_\tau = \pm 0.15 \frac{\tau''}{2\rho} D, \text{当} \tau'' = 20'', D = 100\text{m} \text{时,气泡居中误差为} 0.73\text{mm}_\circ$$

### 2. 读数误差

在水准尺上估读毫米的误差与观测者眼睛的分辨率(一般为 $60''$)及视线长度成正比,与望远镜的放大倍数($v$)成反比,$m_1 = \pm \frac{60''}{v} \cdot \frac{D}{\rho}$。当 $v = 30, D = 100\text{m}$ 时,读数误差为 $0.97\text{mm}$。

### 3. 水准尺倾斜误差

根据水准测量的原理,水准尺必须立在水准点上,否则总会使水准尺上的读数增大。这种影响随着视线的抬高(即读数增大),其影响也随着增大。水准尺的前后或左右倾斜,也会产生读数或大或小的误差。如水准尺倾斜 $3°(\alpha)$ 时,在尺上 2m 处读数将产生 2.7mm 误差,如果水准尺上读数大于 1m,观测误差将超过 2mm。即误差为:

$$m_\sigma = 2000(1 - \cos\alpha) = 2000(1 - \cos 3°) \approx 2.7 (\text{mm})$$

因此扶尺者操作时要尽量地使水准仪尺扶直,假若水准尺上有圆水准器,则使水准气泡居中,若没有圆水准气泡,可使尺子前后缓缓倾斜,当观测者读取最小读数时,即为水准尺竖直时的读数。水准尺左右倾斜可由仪器观测者指挥使尺子竖直。

### 4. 视差的影响

观测时,由于调焦不当所产生的视差也会影响读数,从而产生读数误差。

## (三) 外界条件影响

### 1. 仪器下沉

仪器下沉使视线降低,引起高差误差,观测时可以采用一定的观测程序或用在尺子下垫尺垫来减弱其影响。

### 2. 尺垫下沉

尺垫下沉将增大下一站的后视读数,引起高差误差,观测时可采用往返观测并取其平均值值的方法来减弱其影响。

### 3. 地球曲率及大气折光的影响

用水平面(线)代替大地水准面在水准尺上读数自然会产生高差误差,大气折光也会使视线弯曲,改变水准尺的读数,对此均可采用前后视距相等的方法消除其影响。

### 4. 温度的影响

温度变化不仅引起大气折光变化,而且会影响管水准器气泡的移动,产生气泡居中误差。

水准测量是一项集体测量工作,只有全体参加人员认真负责,按规定要求仔细观测和操作,才能取得良好效果。同时,测量小组成员间要注意互相配合,提高工作效率。归纳起来其注意事项有:

### 1. 观测

(1)观测前,水准仪和水准尺必须经过检验校正才能使用。

（2）仪器应安置在坚固的地面上，并尽可能使前后视距离相等，操作时手不能压在仪器或三脚架上，以防仪器下沉。除操作手指外，身体其他部位不要碰及仪器。

（3）每次读数前要注意消除视差，使水准气泡严格居中后，才能读数，并且读数要准确迅速、果断、不得出错，估读毫米时要认真、仔细。

（4）注意保护和爱惜测量仪器和工具，使之安全。当晴好高温天气或下小雨时，仪器要打伞保护。操作时应认真细心，螺旋不应拧得太紧或太松，超过仪器忍受限度。观测结束后，脚螺旋和微动螺旋要旋至中间位置。

（5）只有当一测站记录、计算完全合格后方能迁站，搬站时一手扶托仪器，一手握住脚架，防止仪器从三脚架上脱落，摔坏仪器，不得肩扛。

**2. 记 录**

（1）认真听取观测者的读数并复诵，准确无误后记入记录手簿相应栏内，严禁伪造和转抄数字。

（2）字体要端正、清楚，不准连环涂改数字，不准用橡皮擦改，如按规定可以改正时，应在原数字上划线后再在上方重写。

（3）每站应当场计算，检查符合要求后，才能通知观测者迁站。

**3. 扶 尺**

（1）扶尺者应认真竖立水准尺，注意保持水准尺上的圆水准气泡居中。

（2）转点应选择土质坚实处，并将尺垫踩实。

（3）水准仪迁站时，应注意保护好原前视点尺垫位置不受碰动。

# 项目六　微倾式水准仪的检验与校正

水准仪在出厂前，虽然进行了严格的检验与校正，但经过长途运输和长期使用，各个轴线之间的几何关系会逐渐发生一些变化，若不对其进行检验校正，所测结果会产生较大误差。微倾水准仪有四条轴线，即望远镜的视准轴、管水准器轴、圆水准器轴、仪器旋转的竖轴。如图 2-19 所示，各个轴线之间需要满足以下条件：

（1）圆水准器轴平行于仪器竖轴（$L'L'$ // $VV$）；

（2）十字丝的横丝应垂直于仪器的竖轴（中丝应水平）；

（3）视准轴应平行于管水准器轴（$LL$ // $CC$）。

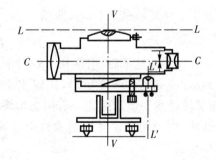

图 2-19　微倾水准仪几何轴线之间的关系

水准仪检验实质是检查仪器各轴线是否满足应有的几何条件，校正是当仪器不满足各几何条件时对仪器进行调整使其满足相应的几何条件。

## 一、圆水准器应平行于竖轴

### (一)检验与原理

**1. 检校目的**

使圆水准器轴平行于仪器竖轴。因为,这样可以使仪器竖轴处于垂直位置,仪器旋转至任何方向都易于导致水准仪气泡居中,从而可以迅速安平仪器,提高作业效率。

**2. 检验的方法**

(1)安置仪器后,转动脚螺旋使水准仪气泡居中,如图 2-20 所示;

(2)松开水平制动螺旋,将仪器(即望远镜)旋转 180°,若气泡居中,说明条件满足(即圆水准器应平行于竖轴);否则,气泡中点就会偏离零点,说明两轴是不平行的。

### (二)校正的方法

在上述检验的基础上,首先转动脚螺旋使气泡回到偏离零点的一半位置,此时仪器竖轴处于铅垂位置,如图 2-20(c)所示,然后用校正针先松动一下圆水准仪器底下中间一个大一点的连接螺丝,再分别拨动圆水准器下的校正螺旋,使气泡居中,此时,圆水准器轴与竖轴平行如图 2-20(d)所示。校正完毕后,应记住把中间一个连接螺旋再旋紧。

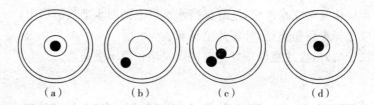

（a）　　　　（b）　　　　（c）　　　　（d）

图 2-20　圆水准器的检验与校正

## 二、十字丝横丝应垂直于竖轴

### (一)检校目的

使十字丝横轴垂直于仪器竖轴。

### (二)检验方法

安置仪器并整平后,用横丝一端对准远处一明显标志点,如图 2-22 所示,固定水平制动螺旋,缓缓转动水平微动螺旋。若标志始终沿着横丝上移动,则说明十字丝横丝垂直于竖轴,否则应进行校正。

### (三)校正方法

校正方法因十字丝装置的形式不同而异。如图 2-23 所示的形式,旋下目镜端的十字丝护

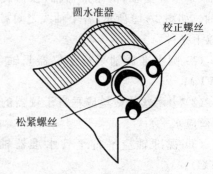

图 2-21　圆水准器背面

罩,用螺丝刀放松十字丝的 4 个固定螺丝,按中丝倾斜的反方向小心地微微转动十字丝环,使横丝水平,再重复检验,最后拧紧固定螺旋,旋回护罩。若此项误差不明显时,一般可不

校正,外业观测时用十字丝的中央部位读数即可。

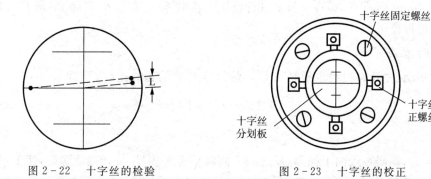

| 图 2-22　十字丝的检验 | 图 2-23　十字丝的校正 |
|---|---|

## 三、水准管轴应平行于视准轴

### (一)检验

**1. 检校目的**

使水准管轴平行于视准轴,读数准确。

**2. 检验的方法**

(1)选择场地

在平坦地面上选择大致成直线的 $A$、$O$、$B$ 三点,并使 $AO$ 和 $OB$ 均等于相距大约 50m,用木桩或尺垫作好标志。

(2)测出 $A$、$B$ 两点间正确高差

在 $O$ 点安置仪器,用双面尺法或双仪高法连续两次测出 $A$、$B$ 两点高差。若这两个高差不大于 3mm,取平均值作为正确高差 $h_{AB}$

$$h_{AB} = (a_1 - x_1) - (b_1 - x_2) = a_1 - b_1 \tag{2-15}$$

因为,$x_1 = \dfrac{i''}{\rho''} D_{AO}$,$x_2 = \dfrac{i''}{\rho''} D_{OB}$,$D_{AO} = D_{OB}$,故其误差 $x_1$ 和 $x_2$ 相等。

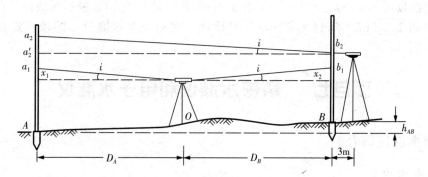

图 2-24　水准仪管平行于视准轴的检验

(3)计算正确读数

在 $B$ 点附近大约 5 或 10m 处安置仪器,精平后读数 $a_2$ 和 $b_2$,因仪器距离 $B$ 点很近,读数 $b_2$ 中的误差可忽略不计,因此,$A$ 尺上的正确读数应为 $a_2' = h_{AB} + b_2 = (a_1 - b_1) + b_2$。$a_2 =$

$a_2'$，说明两轴平行，否则存在误差（测量上习惯于称为 $i$ 角）。进行普通水准测量时，若 $a_2$ 与 $a_2'$ 相差大于 4mm（即 $i'' > 20''$），一般要进行校正。若 $a_2$ 与 $a_2'$ 相差小于 4mm（即 $i'' < 20''$），一般不需要进行校正。

## （二）校正的方法

水准仪不动，先计算视线水平时 $A$ 尺（远尺）上应有的正确读数 $a_2'$，即

$$a_2' = b_2 + (a_1 - b_1) = b_2 + h_A \qquad (2-16)$$

$$i'' = (a_2 - a_2')/D_{AB} \times \rho'' \qquad (2-17)$$

当 $a_2 > a_2'$，说明视线向上倾斜；反之向下倾斜。瞄准 $A$ 尺，旋转微动螺旋，使十字丝中丝对准 $A$ 上的正确读数 $a_2'$，此时符合水准气泡就不居中，但视线已处于水平位置。用校正针拨动目镜端的水准仪管上下两个校正螺丝，如图 2-25 所示，使符合水准气泡严密居中。

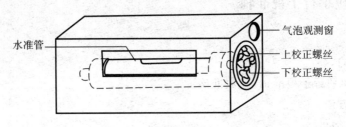

气泡观测窗

水准管

上校正螺丝

下校正螺丝

图 2-25　水准管轴的校正

校正时，应先松动左右两个校正螺旋，再根据气泡偏离情况，遵循"先松后紧"的规则，拨动上下两个螺丝，使符合气泡居中，校正完毕后，再重新固紧左右两个校正螺丝。

例：如图 2-24 所示，取 $AB$ 之长为 80m，第一次安置仪器于 $AB$ 中间的 $O$ 点处得读数 $a_1 = 1.321$m，$b_1 = 1.117$m；第二次安仪器在 $B$ 点附近 5m 处，又得 $a_2 = 1.695$m，$b_2 = 1.466$m。两次高差分别为：$h_{AB} = +0.204$m，$h_{AB}' = +0.229$m，两次高差不相等，同时 $a_2' = b_2 + h_{AB} = 1.670$m，$a_2 \neq a_2'$，说明存在 $i$ 角误差，$i'' = (a_2 - a_2')/D_{AB} \times \rho'' = 64''$，超过误差限度（$i'' < 20''$）。$a_2$ 与 $a_2'$ 之差为 +25mm，也超过误差限度（4mm），因此需要校正。

正确读数 $a_2' = b_2 + h_{AB} = 1.670$m，校正时，仪器位置不动，应该降低视线使其在 $A$ 尺读数由原来的 1.695m 下降到 1.670m（正确读数），然后调节水准管上的校正螺丝使气泡居中。

# 项目七　精密水准仪和电子水准仪

## 一、精密水准仪简介

### （一）精密水准仪

精密水准仪与一般水准仪比较，其特点是能够精密地整平视线和精确地读取读数。为此，在结构上应满足：

**1. 水准器具有较高的灵敏度**

如 DS$_1$ 水准仪的管水准器 $\tau$ 值为 $10''/2$mm。

### 2. 望远镜具有良好的光学性能

如 DS$_1$ 水准仪望远镜的放大倍数为 38 倍,望远镜的有效孔径 47mm,视场亮度较高。十字丝的中丝刻成楔形,能较精确地瞄准水准尺的分划。

### 3. 具有光学测微器装置

可直接读取水准尺一个分格(1cm 或 0.5cm)的 1/100 单位(0.1mm 或 0.05mm),提高读数精度。

### 4. 视准轴与水准轴之间的联系相对稳定

精密水准仪均采用钢构件,并且密封起来,受温度变化影响小。

## (二)精密水准尺

精密水准仪必须配有精密水准尺。这种尺一般是在木质尺身的槽内,安有一根因瓦合金带。带上标有刻划,数字注在木尺上。精密水准尺须与精密水准仪配套使用。

精密水准尺上的分划注记形式一般有两种:

一种是尺身上刻有左右两排分划,右边为基本分划,左边为辅助分划。基本分划的注记从零开始,辅助分划的注记从某一常数 K 开始,K 称为基辅差。

另一种是尺身上两排均为基本划分,其最小分划为 10mm,但彼此错开 5mm。尺身一侧注记米数,另一种侧注记分米数。尺身标有大、小三角形,小三角形表示半分米处,大三角形表示分米的起始线。这种水准尺上的注记数字比实际长度增大了一倍,即 5cm 注记为 1dm。因此使用这种水准尺进行测量时,要将观测高差除以 2 才是实际高差。

## (三)精密水准仪的操作方法

精密水准仪的操作方法与一般水准仪基本相同,只是读数方法有些差异。在水准仪精平后,十字丝中丝往往不恰好对准水准尺上某一整分划线,这时就要转动测微轮使视线上、下平行移动,十字丝的楔形丝正好夹住一个整分划线,被夹住的分划线读数为 m、dm、cm。此时视线上下平移的距离则由测微器读数窗中读出 mm。实际读数为全部读数的一半。

# 二、电子水准仪简介

## (一)电子水准仪的主要优点是:

(1)操作简捷,自动观测和记录,并立即用数字显示测量结果。

(2)整个观测过程在几秒钟内即可完成,从而大大减少观测错误和误差。

(3)仪器还附有数据处理器及与之配套的软件,从而可将观测结果输入计算机进入后处理,实现测量工作自动化和流水线作业,大大提高功效。

## (二)电子水准仪的观测精度

电子水准仪的观测精度高,如 NA2000 型电子水准仪的分辨力为 0.1mm,每千米往返测得高差中数的偶然中误差为 2.0mm;NA3003 型电子水准仪的分辨力为 0.01mm,每千米往返测得高差中数的偶然中误差为 0.4mm。

## (三)电子水准仪测量原理简述

与电子水准仪配套使用的水准尺为条形编码尺,通常由玻璃纤维或铟钢制成。在电子水准仪中装置有行阵传感器,它可识别水准标尺上的条形编码。电子水准仪摄入条形编码后,经处理器转变为相应的数字,在通过信号转换和数据化,在显示屏上直接显示中丝读数和视距。

## (四) 电子水准仪的使用

NA2000 电子水准仪用 15 个键的键盘和安装在侧面的测量键来操作。有两行 LCD 显示器显示给使用者,并显示测量结果和系统的状态。

观测时,电子水准仪在人工完成安置与粗平、瞄准目标(条形编码水准尺)后,按下测量键后约 3～4s 既显示出测量结果。其测量结果可贮存在电子水准仪内或通过电缆连接存入机内记录器中。

另外,观测中如水准标尺条形编码被局部遮挡 < 30%,仍可进行观测。

# 模块三　角度测量

## 模块概述

在实际建设工程中,需要进行平面控制测量或测量某个点的坐标,例如阅读总平面图与施工图,收集桩位平面图坐标关系,根据地面两个已知控制点,测量某一桩基础中心与控制线之间的水平角度,要求与设计图纸相符;角度是施工控制测量及点位测设的基本指标之一,本课题重点讲解水平角测量和竖直角测量的原理、普通光学经纬仪的组成和使用、主要测量水平角的测回法、竖直角及竖盘指标差的计算,普通经纬仪角度测量内业与外业工作流程与要求,介绍了全站仪基本操作与角度测量的详细步骤等知识,是后续课题学习的基础。

## 知识目标

- ◆ 了解角度测量原理。
- ◆ 掌握经纬仪的基本构造及操作方法。
- ◆ 掌握角度测量的基本步骤和内业计算方法。

## 技能目标

- ◆ 能够熟悉操作经纬仪完成已知点之间水平角及竖直角度测量。
- ◆ 能够对测量误差进行分析。

## 素质目标

- ◆ 培养学生有良好的专业学习兴趣。
- ◆ 培养学生在专业理论知识的学习上,有牢固的掌握性。

## 课时建议

10 课时

# 项目一　角度测量的原理

角度测量是测量的基本工作之一,包括水平角测量和竖直角测量。

## 一、水平角测量原理

地面上一点到两目标的方向线垂直投影在水平面上所夹的角称为水平角,也就是过这两方向线所作两竖直面间的二面角,用"$\beta$"表示,其取值范围为 $0° \sim 360°$。

地面 $O$ 点安置经纬仪,转动望远镜分别照准不同的目标(例如 $A$、$B$ 两点),在水平度盘上得到方向线 $OA$、$OB$ 在水平面上投影的读数 $a$、$b$,由此可得 $OA$、$OB$ 之间的水平角大小水平角 $\beta$ 为:

$$\beta = b - a \qquad\qquad (3-1)$$

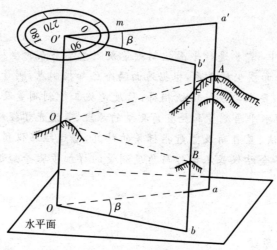

图 3-1　水平角测量原理

## 二、竖直角测量原理

在同一竖直面内,水平视线转向目标方向线的夹角称为竖直角。目标方向线高于水平视线的竖直角称为仰角,$\alpha$ 为正值,取值范围为 $0° \sim +90°$;目标方向线低于水平视线的竖直角称为俯角,$\alpha$ 为负值,取值范围为 $0° \sim -90°$。经纬仪在测量竖直角时,首先照准目标,读取竖盘读数,然后可以通过计算得到目标的竖直角。

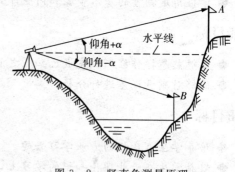

图 3-2　竖直角测量原理

# 项目二　普通光学经纬仪的组成及使用

## 一、普通光学经纬仪的组成

各种光学经纬仪的组成基本相同,现在以 DJ₆ 型光学经纬仪为例,外形如图 3-3(a)所示,其构造主要由照准部、水平度盘和基座三部分组成[图 3-3(b)]。

（一）照准部

经纬仪上部可以旋转的部分称为,主要有竖轴、望远镜、竖直度盘、水准管、读数系统及光学对中器等部件。竖轴是照准部的旋转轴。由旋转照准部和望远镜可以照准任意方向、不同高度的目标;竖直度盘用于测量竖直角;照准部水准管用于整平仪器。读数系统由一系列光学棱镜组成,用于对同时显示在读数窗中的水平度盘和竖直度盘影像进行读数。

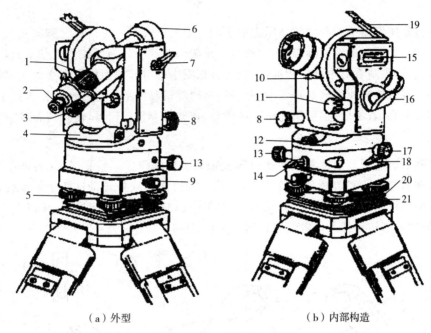

（a）外型　　　　　　　　（b）内部构造

图 3-3　DJ₆ 型光学经纬仪

1-对光螺旋;2-目镜;3-读数显微镜;4-照准部水准管;5-脚螺旋;6-望远镜物镜;7-望远镜制动螺旋;
8-望远镜微动螺旋;9-中心连接螺旋;10-竖直度盘;11-竖盘指标水准微动螺旋;12-光学对中器目镜;
13-水平微动螺旋;14-水平制动螺旋;15-竖盘指标水准管;16-反光镜;17-度盘变换手轮;
18-保险手柄;19-竖盘指标水准管反光镜;20-托板;21-压板

## （二）水平度盘

水平度盘是一个光学玻璃圆环,其上顺时针刻有 0°～360° 的刻划线,用于测量水平角。当照准部转动时,水平度盘固定不动,但可通过旋转水平度盘变换手轮使其改变到所需要的位置。

## （三）基座

基座对照准部和水平度盘起支撑作用,并通过中心连接螺旋将经纬仪固定在脚架上。基座上有三个脚螺旋,用于整平仪器。

## 二、普通光学经纬仪的读数方法

DJ₆ 型光学经纬仪采用分微尺读数法。水平度盘和竖直度盘的格值都是 1°,而分微尺的整个测程正好与度盘分划的一个格值相等,又分为 60 小格,每小格 1′,估读至 0.1′。读数时,首先读取分微尺所夹的度盘分划线之度数,再依该度盘分划线在分微尺上所指的小于 1° 的分数,二者相加,即得到完整的读数。

### 三、普通光学经纬仪的使用

在使用经纬仪进行角度测量时,分为对中、整平、照准、读数等四个步骤。

#### (一) 对中

对中就是使仪器中心和测站点标志位于同一条铅垂线上。先目估三脚架头大致水平,且三脚架中心大致对准地面标志中心,踏紧一条架脚。双手分别握住另两条架腿稍离地面前后左右摆动,眼睛看对中器的望远镜,直至分划圈中心对准地面标志中心为止,放下两架腿并踏紧。调节架腿使气泡基本居中,然后用脚螺旋精确整平。检查地面标志是不位于对中器分划圈中心,若不居中,可稍旋松连接螺旋,在架头上移动仪器,使其精确对中。

#### (二) 整平

整平就是通过调节水准管气泡使仪器竖轴处于铅垂位置。整平时,先转动照准部,使照准部水准管与任一对脚螺旋的连线平行,两手同时向内或外转动这两个脚螺旋,使水准管气泡居中。将照准部旋转 90°,转动第三个脚螺旋,使水准管气泡居中,按以上步骤反复进行,直到照准部转至任意位置气泡皆居中为止(图 3-4)。

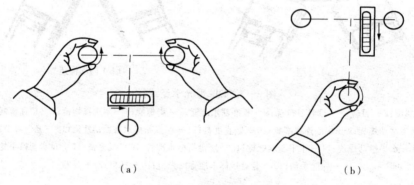

(a)                       (b)

图 3-4　经纬仪的整平

#### (三) 照准

转动照准部,用望远镜瞄准目标,旋转对光螺旋,使目标影像清晰。测量水平角时,使十字丝竖丝上的单丝与较细的目标精确重合[图 3-5(a)],或双丝将较粗的目标夹在中央[图 3-5(b)];测量竖直角时应以中横丝与目标的顶部标志相切[图 3-5(c)]。

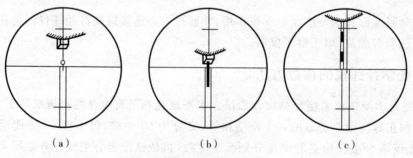

(a)             (b)            (c)

图 3-5　经纬仪的照准

## （四）读数

按上述经纬仪的读数方法,对水平度盘或竖直度盘进行读数。在对竖直度盘读数前,应旋转指标水准管微动螺旋,使竖盘指标水准管气泡居中。

# 项目三　　水平角测量

水平角测量常用的方法有两种,即测回法和方向观测法(又称全圆测回法)。前者适用于测单角,后者适用于2个以上的角。一个测回由上、下两个半测回组成。上半测回用盘左,即将竖盘置于望远镜的左侧,又称正镜;下半测回用盘右,即倒转望远镜,将竖盘置于望远镜的右侧,又称倒镜。之后将盘左、盘右所测角值取平均,目的是为了消除仪器的多种误差。

## 一、测回法

设在 $O$ 点安置经纬仪,采用测回法,测定 $OA$、$OB$ 两个方向之间的水平角 $\beta$。

### （一）操作步骤

1. 上半测回(盘左)

先瞄准左目标 $A$,得水平度盘读数 $a_左$,顺时针转动照准部瞄准右目标 $B$,得水平度盘读数 $b_左$,并算得盘左角值:$\beta_左 = b_左 - a_左$;接着倒转望远镜,由盘左变为盘右。

2. 下半测回(盘右)

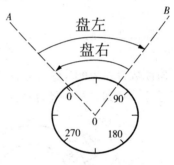

图 3-6　测回法观测顺序

先瞄准右目标 $B$,得水平度盘读数 $b_右$,逆时针转动照准部瞄准左目标 $A$,得水平度盘读数 $a_右$,并算得盘右角值:$\beta_右 = b_右 - a_右$。计算角值时,总是右目标读数 $b$ 减去左目标读数 $a$,若 $b < a$,则应加 $360°$。

3. 计算测回角值 $\beta$:$\beta = \dfrac{\beta_左 + \beta_右}{2}$　　　　　　　　　(3-2)

4. 如果还需测第二个测回,则观测顺序同上。

### （二）注意事项

(1) 半测回角值较差的限差一般为 $\pm 40''$;

(2) 为提高测角精度,观测 $n$ 个测回时,在每个测回开始即盘左的第一个方向,应旋转度盘变换手轮配置水平度盘读数,使其递增 $\dfrac{180°}{n}$。

## 二、方向观测法（又称全圆测回法）

方向观测法和测回法的主要区别在于上、下半测回均需归零。所谓"归零"就是选定一个方向作为零方向(例如为 $A$),观测时从零方向开始,最后再回到零方向。这是因为当方向数较多,碰动仪器的可能性也较大,通过"归零"可以检查观测成果中是否存在水平度盘移动等粗差。

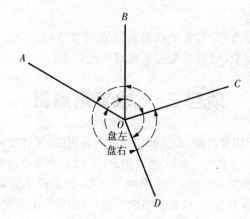

图 3-7　方向观测法顺序

# 项目四　竖直角测量

经纬仪在测量竖直角时,竖盘随望远镜的上下转动而转动。当指标水准管气泡居中时,水平方

向读数盘左为90°,盘右为270°(图3-8、图3-9)。只要照准目标,读取竖盘读数,就可以通过计算得到目标的竖直角。

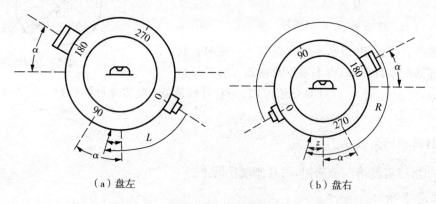

（a）盘左　　　　　　　　　　　　（b）盘右

图 3-8　竖盘读数

## 一、竖直角的计算与观测

### （一）竖直角的计算

竖直角的计算公式为:

盘左　　　　　　　　　　　$\alpha_L = 90° - L$　　　　　　　　　　　(3-3)

盘右　　　　　　　　　　　$\alpha_R = R - 270°$　　　　　　　　　　　(3-4)

其平均值为　　　　　　　　$\alpha = \dfrac{\alpha_L + \alpha_R}{2}$　　　　　　　　　　(3-5)

（二）竖直角的观测

设 $A$ 点安置经纬仪,测定 $B$ 目标的竖角,其步骤如下:

盘左瞄准目标 $B$,使指标水准管气泡居中,读取盘左的竖盘读数 $L$,按(3-3)式算得 $\alpha_L$;倒转望远镜,以盘右再次瞄准目标 $B$,使指标水准管气泡居中,读取盘右的竖盘读数 $R$,按(3-4)式算得 $\alpha_R$;按(3-5)式盘左、盘右取平均,得 $B$ 目标一测回的竖角值。

同法可得表3-4中所列目标 $C$ 的观测结果(为俯角)。

表 3-1　竖直角观测手簿

| 测站 | 目标 | 竖盘位置 | 竖盘读数<br>° ′ ″ | 半测回竖角<br>° ′ ″ | 指标差<br>$(x)''$ | 一测回竖角<br>° ′ ″ |
|---|---|---|---|---|---|---|
| $A$ | $B$ | 左 | 82 37 12 | ＋7 22 48 | ＋3 | ＋7 22 51 |
| | | 右 | 277 22 54 | ＋7 22 54 | | |
| $A$ | $C$ | 左 | 99 41 12 | －9 41 12 | －24 | －9 41 36 |
| | | 右 | 260 18 00 | －9 42 00 | | |

## 二、竖盘指标差及其计算

当望远镜水平竖盘指标水准管气泡居中时,如果竖盘指标线偏离正确位置,其读数将与90°或270°之间产生小的偏角,此偏角 $x$ 称为竖盘指标差。指标差 $x$ 对盘左、盘右竖角的影响大小相同、符号相反,采用盘左、盘右取平均的方法就可以消除指标差对竖角的影响。

竖盘指标差 $x$ 有两种计算公式,分别为:

$$x = \frac{\alpha_R - \alpha_L}{2} \tag{3-6}$$

$$x = \frac{(L + R) - 360°}{2} \tag{3-7}$$

# 项目五　光学经纬仪的检验与校正

## 一、经纬仪的检验和校正(见图 3-9)

(1)照准部水准管轴的检验和校正,是使照准部水准管轴 $LL$ ⊥ 仪器竖轴 $VV$;

(2)视准轴的检验和校正,是使望远镜视准轴 $CC$ ⊥ 横轴 $HH$;

(3)横轴的检验和校正,是使望远镜横轴 $HH$ ⊥ 竖轴 $VV$;

(4)十字丝竖丝的检验和校正,是使十字丝竖丝 ⊥ 横轴 $HH$。

此外,经纬仪的检验与校正还应包括竖盘指标水准管轴的检验和校正,其目的是消除竖盘指标差。其中最主要的是第二项视准轴的检验和校正,其检验方法:

望远镜视准轴 $CC$ 与横轴 $HH$ 如不相垂直,二者之间存在偏角 $c$,这一误差称为视准轴误差(图 3-9)。

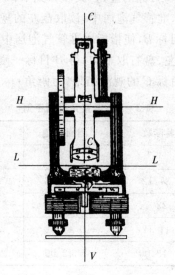

图 3-9　经纬仪主要轴线关系

如图 3-10(a) 所示,如果存在视准轴误差 $c$,照准目标 $p$ 的盘左读数为

$$M_1 = M_{正} + c \qquad\qquad (3-6)$$

盘右读数为

$$M_2 = M_{正} - c \qquad\qquad (3-7)$$

将(3-6)、(3-7)式相加除以 2,可得

$$M_{正} = \frac{M_1 + (M_2 \pm 180°)}{2} \qquad\qquad (3-8)$$

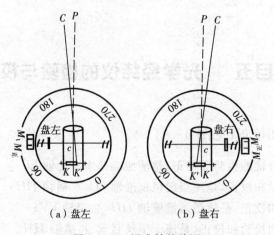

（a）盘左　　　（b）盘右

图 3-10　视准轴的验证

(3-6)～(3-8)式说明,视准轴误差 $c$ 对盘左、盘右平盘读数的影响大小相同、符号相

反,采用盘左、盘右取平均的方法就可以消除视准轴误差对水平角的影响。

再将(3-6)、(3-7)式相减除以 2,可得

$$c = \frac{M_1 - (M_2 \pm 180°)}{2} \qquad (3-9)$$

上式即视准轴误差的计算公式。

根据上述公式得其检验方法:以盘左、盘右观测大致位于水平方向的同一目标 $p$,分别得读数 $M_1$、$M_2$,代入(3-9)式,如算得的 $c$ 值超过允许范围(一般为 $\pm 30''$),即说明存在视准轴误差。

校正方法:视准轴和横轴不垂直,主要是由于十字丝环的固定螺丝有所松动或磨损,十字丝交点偏离正确位置,造成视准轴偏斜所致。此时望远镜仍处盘右位置,校正按以下步骤进行:将算得的 $c$ 值代入(3-7)式,计算盘右的正确读数 $M_{正} = M_2 + c$;旋转照准部微动螺旋使平盘读数变为 $M_{正}$,十字丝交点必然偏离目标 $p$;用校正针拨动十字丝环左、右校正螺丝(图3-11),一松一紧推动十字丝环左右平移,直至十字丝交点对准目标 $p$,即由 $K'$ 返回正确位置 $K$ 为止。

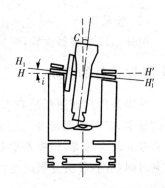

图 3-11　横轴误差的影响

若望远镜横轴 $HH$ 与竖轴 $VV$ 如不相垂直,二者之间存在偏角 $i$,则这一误差称为横轴误差。如图3-11所示,横轴误差的另一影响是使视准轴产生新的偏斜,在实际观测中,视准轴误差和横轴误差的影响往往同时存在于盘左读数与盘右读数之差,即 $2C$ 值。由此可知,上述视准轴误差的检验已包括横轴误差检验。和视准轴误差相同,横轴误差对盘左、盘右读数的影响也是大小相同,符号相反,取平均值即可消除其影响。

# 项目六　　水平角测量的误差

## 一、仪器误差

### (一)视准轴误差

当望远镜视准轴不垂直于横轴时,其偏离垂直位置的角值 $c$ 称视准差或照准差。

### (二)横轴误差

当竖轴铅垂时,横轴不水平,而有一偏离值 $I$,称横轴误差或支架差。

### (三)竖轴误差

当观测水平角时,仪器竖轴不处于铅垂方向,而偏离一个 $\delta$ 角度,称竖轴误差。

## 二、对中误差与目标偏心

观测水平角时,对中不准确,使得仪器中心与测站点的标志中心不在同一铅垂线上即

是对中误差,也称测站偏心。

当照准的目标与其他地面标志中心不在一条铅垂线上时,两点位置的差异称目标偏心或照准点偏心。其影响类似对中误差,边长越短,偏心距越大,影响也越大。

## 三、观测误差

(1)瞄准误差

人眼分辩两个的最小视角约为 $60''$,瞄准误差为

$$m_V = \pm 60''/V$$

(2)读数误差

用分微尺测微器读数,可估读到最小格值十分之一。以此作为读数误差。

## 四、外界条件的影响

外界条件对观测质量有直接影响,而且影响的因素很多,如松软的土壤和大风影响仪器的稳定,日晒和温度变化影响水准管气泡的运动,大气层受地面热辐射的影响会引起目标影像的跳动等等,这些都会给观测水平角带来误差。因此,要选择目标成像清晰稳定的有利时间观测,设法克服或避开不利条件的影响,以提高观测成果的质量。

# 模块四　距离测量和直线定向

## 模块概述

确定地面点的点位,除了需要测量角度和高程之外,地面上两点间的距离测量也是基本测量工作之一。两点间的距离是指地面两点之间的直线长度,主要包括两种:水平面两点之间的距离称为水平距离,也称为平距;不同高度上两点之间的距离称为倾斜距离,也称为斜距。距离测量的方法有距离丈量、视距测量和电磁波测距等。

## 知识目标

◆ 了解钢尺量距的工具,钢尺的检定,电磁波测距的原理,全站仪的原理。
◆ 掌握钢尺量距、电磁波测距的方法及成果处理,全站仪的使用,直线定向的方法。

## 技能目标

◆ 掌握量距工具的使用方法、步骤。
◆ 掌握视距测量的方法。

## 素质目标

◆ 培养学生精细操作的能力。
◆ 培养学生相互配合相互协作的团队精神。

## 课时建议

10 学时

# 项目一　距离测量

## 一、钢尺量距的方法

钢尺量距是距离测量的最常见方法,常用的丈量工具有钢尺和皮尺,钢尺量距工具简单,经济实惠,其测距的精度可达到 $1/4000 \sim 1/1000$ ,精密测距的精度可以达到 $1/40000 \sim 1/10000$ ,适合于平坦地区的距离测量。

钢尺也称钢卷尺,是由薄钢制成的带状尺,可卷放在圆盘形的尺壳内或卷放在金属尺架上,如图 4-1 所示。尺的宽度约 $10 \sim 15$ mm,厚度约 0.4mm,长度有 20m、30m、50m 等几种。钢尺的分划也有好几种,有的以厘米为基本分划,适用于 一 般量距;有的也以厘米为基本分划,但尺端第一分米内有毫米分划;也有的全部以毫米为基本分划。后两种适用于较精密的距离丈量。钢尺的分米和米的分划线上都有数字注记。

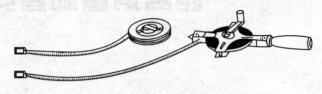

图 4-1　钢卷尺

钢尺量距的主要工具有钢尺、测钎、温度计、弹簧秤、标杆。

根据零点位置的不同,钢尺可分为端点尺和刻划尺两种。端点尺是以尺的最外端作为尺的零点,如图 4-2(a) 所示。刻划尺是以尺前端的一刻划线作为尺的零点,如图 4-2(b) 所示,这种尺的丈量精度较高。

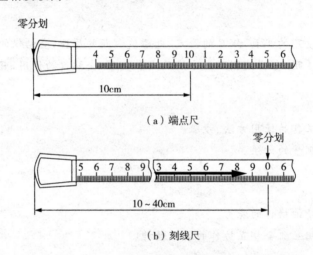

（a）端点尺

（b）刻线尺

图 4-2　钢尺刻注示意图

当地面两点之间的距离大于一个钢尺的尺长时,一次不能量完,就需要在直线方向上标定若干个分段点,使每一段的长度不大于一个钢尺的尺长,这项工作称为直线定线。根据不同的丈量精度,直线定线的方法有目估定线和经纬仪定线。

**（一）目估定线（粗略定线）**

目测定线适用于钢尺量距的一般方法。如图 4-3 所示,设 A、B 两点互相通视,要在 A、B 两点的直线上标出分段点 1、2 点。先在 A、B 两点上竖立测杆,甲站在 A 点测杆后指挥乙左右移动测杆,直到甲从 A 点沿测杆的同一侧看至 A、2、B 三支测杆在一条线上为止。同法可以定出直线上的其他各点。

**（二）经纬仪定线（精确定线）**

当定线的精度要求较高时,可用经纬仪来进行定线。A、B 两点相互通视,将经纬仪安置在 A 点上,利用望远镜竖丝瞄准 B 点,制动照准部,望远镜上下转动,指挥在两点间某一点上的助手,左右移动测钎,直至测钎像为竖丝所平分。测钎尖即为所要定的点(图 4-3 中

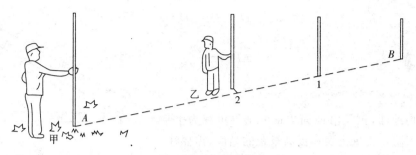

图 4 - 3　目估定线

的 1 点),同理可定出其他的点。

## 二、钢尺丈量方法

### (一) 钢尺量距的一般方法

#### 1. 平坦地区的距离丈量

丈量前,先将待测距离的两个端点 $A$、$B$ 用木桩(桩上钉一小钉) 标志出来,然后在端点的外侧各立一标杆,清除直线上的障碍物后,即可开始丈量。丈量工作一般由两人进行。后尺手持尺的零端位于 $A$ 点,并在 $A$ 点上插一测钎。前尺手持尺的末端并携带一组测钎的其余 5 根(或 10 根),沿 $AB$ 方向前进,行至一尺段处停下。后尺手以手势指挥前尺手将钢尺拉在 $AB$ 直线方向上;后尺手以尺的零点对准 $B$ 点,当两人同时把钢尺拉紧、拉平和拉稳后,前尺手在尺的末端刻线处竖直地插下一测钎,得到点 1,这样便量完了一个尺段。随之后尺手拔起 $A$ 点上的测钎与前尺手共同举尺前进,同法量出第二尺段。如此继续丈量下去,直至最后不足一整尺段($n - B$) 时,前尺手将尺上某一整数分划线对准 $B$ 点,由后尺手对准 $n$ 点在尺上读出读数,两数相减,即可求得不足一尺段的余长,为了防止丈量中发生错误及提高量距精度,距离要往、返丈量。上述为往测,返测时要重新进行定线,取往、返测距离的平均值作为丈量结果。

#### 2. 倾斜地面的距离丈量

(1) 平量法

沿倾斜地面丈量距离,当地势起伏不大时,可将钢尺拉平丈量,丈量由 $A$ 向 $B$ 进行,如图 4 - 4 所示,甲立于 $A$ 点,指挥乙将尺拉在 $AB$ 方向线上。甲将尺的零端对准 $A$ 点,乙将尺子抬高,并且目估使尺子水平,然后用垂球尖将尺段的末端投于地面上,再插以插钎。若地面倾斜较大,将钢尺抬平有困难对,可将一尺段分成几段来平量。

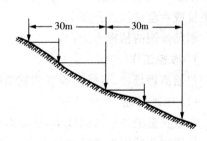

图 4 - 4　平量法

(2) 斜量法

当倾斜地面的坡度均匀时,可以沿着斜坡丈量出 $AB$ 的斜距 $L$,测出地面倾斜角,然后计算 $AB$ 的水平距离 $D$,如图 4 - 5。

$$D = \sqrt{S^2 - h^2}$$

$$D = S + \Delta D_h$$

$$\Delta D_h = -\frac{h^2}{2S}$$

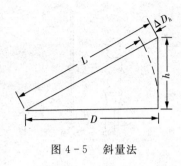

图 4-5　斜量法

### 3. 相对误差

在平坦地面,钢尺沿地面丈量的结果可视为水平距离。为了防止丈量错误和提高量距的精度,需要往、返丈量,最后取平均值作为丈量结果。为衡量量距精度,一般用相对误差 $K$ 来表示:

$$K = \frac{\mid D_往 - D_反 \mid}{\dfrac{D_往 + D_反}{2}}$$

在计算相对误差 $K$ 时,一般化成分子为 1 的分式,相对误差的分母越大,说明量距的精度越高。钢尺量距的相对误差一般不应低于 1/2000,如果量距的相对误差没有超过规定,可取往、返测距离的平均值作为两点间的水平距离。

例如:$AB$ 的往测距离为 248.12m,返测距离为 248.17m,则丈量的相对误差为:

$$K = (248.12 - 248.17)/248.15$$

$$= 1/4963$$

### (二)钢尺量距的精密方法

当量距精度要求达到毫米级或相对误差更小时,需采用精密量距法。精密方法量距的钢尺必须经过检验,并得到其检定的尺长方程式。用检定过的钢尺量距屋距结果要经过尺长改正、温度改正和倾斜改正才能得到实际距离。在目前的一般测量工作中,钢尺量距的精密方法使用较少,如果当两点之间距离较长或不便量距以及精度要求较高时,可以采用测距仪或者全站仪进行测量。

钢尺量距的精密方法:

### 1. 准备工作

包括清理场地、直线定线和测桩顶间高差。

(1)清理场地

在欲丈量的两点方向线上,清除影响丈量的障碍物,必要时要适当平整场地,使钢尺在每一尺段中不致因地面障碍物而产生挠曲。

(2)直线定线

精密量距用经纬仪定线。如图 4-6 所示,安置经纬仪于 $A$ 点,照准 $B$ 点,固定照准部,沿 $AB$ 方向用钢尺进行概量,按稍短于一尺段长的位置,由经纬仪指挥打下木桩。桩顶高出地面约 $10 \sim 20$cm,并在桩顶钉一小钉,使小钉在 $AB$ 直线上;或在木桩顶上划十字线,使十字线其中的一条在 $AB$ 直线上,小钉或十字线交点即为丈量时的标志。

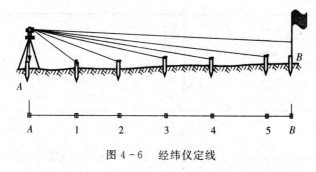

图 4-6  经纬仪定线

（3）测桩顶间高差

利用水准仪，用双面尺法或往、返测法测出各相邻桩顶间高差。所测相邻桩顶间高差之差，一般不超过 ±5mm，在限差内取其平均值作为相邻桩顶间的高差。以便将沿桩顶丈量的倾斜距离改算成水平距离。

**2. 丈量方法**

人员组成：两人拉尺，两人读数，一人测温度兼记录，共 5 人。

丈量时，后尺手挂弹簧秤于钢尺的零端，前尺手执尺子的末端，两人同时拉紧钢尺，把钢尺有刻划的一侧贴切于木桩顶十字线的交点，达到标准拉力时，由后尺手发出"预备"口令，两人拉稳尺子，由前尺手喊"好"。在此瞬间，前、后读尺员同时读取读数，估读至 0.5mm，记录员依次记入，并计算尺段长度。

表 4-1  精密量距记录计算表

| 钢尺号码：No.12  钢尺膨胀系数：$1.25 \times 10^{-5}$  钢尺检定时温度 $t_0$:20℃ ||||||||||
| 钢尺名义长度 $l_0$:30m  钢尺检定长度 $l'$:30.005m  钢尺检定时拉力：100N ||||||||||
| 尺段编号 | 实测次数 | 前尺读数 /m | 后尺读数 /m | 尺段长度 /m | 温度 /℃ | 高差 /m | 温度改正数 /mm | 倾斜改正数 /mm | 尺长改正数 /mm | 改正后尺段长 /m |
|---|---|---|---|---|---|---|---|---|---|---|
| A～1 | 1 | 29.4350 | 0.0410 | 29.3940 | +25.5 | +0.36 | +1.9 | -2.2 | +4.9 | 29.3976 |
|  | 2 | 510 | 580 | 930 |  |  |  |  |  |  |
|  | 3 | 025 | 105 | 920 |  |  |  |  |  |  |
|  | 平均 |  |  | 29.3930 |  |  |  |  |  |  |
| 1～2 | 1 | 29.9360 | 0.0700 | 29.8660 | +26.0 | +0.25 | +2.2 | -1.0 | +5.0 | 29.8714 |
|  | 2 | 400 | 755 | 645 |  |  |  |  |  |  |
|  | 3 | 500 | 850 | 650 |  |  |  |  |  |  |
|  | 平均 |  |  | 29.8652 |  |  |  |  |  |  |
| 2～3 | 1 | 29.9230 | 0.0175 | 29.9055 | +26.5 | -0.66 | +2.3 | -7.3 | +5.0 | 29.9057 |
|  | 2 | 300 | 250 | 050 |  |  |  |  |  |  |
|  | 3 | 380 | 315 | 065 |  |  |  |  |  |  |
|  | 平均 |  |  | 29.9057 |  |  |  |  |  |  |

| 尺段 | 次 | | | | | | | | | |
|---|---|---|---|---|---|---|---|---|---|---|
| 3～4 | 1 | 29.9253 | 0.0185 | 29.9050 | | | | | | |
| | 2 | 305 | 255 | 050 | +27.0 | −0.54 | +2.5 | −4.9 | +5.0 | 29.9083 |
| | 3 | 380 | 310 | 070 | | | | | | |
| | 平均 | | | 29.9057 | | | | | | |
| 4～B | 1 | 15.9755 | 0.0765 | 15.8990 | | | | | | |
| | 2 | 540 | 555 | 985 | +27.5 | +0.42 | +1.4 | −5.5 | +2.6 | 15.8975 |
| | 3 | 805 | 810 | 995 | | | | | | |
| | 平均 | | | 15.8990 | | | | | | |
| 总　和 | | | 134.9686 | | | +10.3 | −20.9 | +22.5 | | 134.9805 |

前、后移动钢尺一段距离，同法再次丈量。每一尺段测三次，读三组读数，由三组读数算得的长度之差要求不超过 2mm，否则应重测。如在限差之内，取三次结果的平均值，作为该尺段的观测结果。同时，每一尺段测量应记录温度一次，估读至 0.5℃。如此继续丈量至终点，即完成往测工作。

完成往测后，应立即进行返测。

3. 成果计算。将每一尺段丈量结果经过尺长改正、温度改正和倾斜改正改算成水平距离，并求总和，得到直线往测、返测的全长。往、返测较差符合精度要求后，取往、返测结果的平均值作为最后成果。

（1）尺段长度计算。根据尺长改正、温度改正和倾斜改正，计算尺段改正后的水平距离。

尺长改正：
$$\Delta l_d = \frac{\Delta l}{l_0} l \qquad (4-7)$$

温度改正：
$$\Delta l_t = \alpha(t - t_0) l \qquad (4-8)$$

倾斜改正：
$$\Delta l_h = -\frac{h^2}{2l} \qquad (4-9)$$

尺段改正后的水平距离：
$$D = l + \Delta l_d + \Delta l_t + \Delta l_h \qquad (4-10)$$

式中，$\Delta l_d$——尺段的尺长改正数（mm）；

$\Delta l_t$——尺段的温度改正数（mm）；

$\Delta l_h$——尺段的倾斜改正数（mm）；

$h$——尺段两端点的高差（m）；

$l$——尺段的观测结果（m）；

$D$——尺段改正后的水平距离（m）。

**例 4-3** 如表 4-1 所示，已知钢尺的名义长度 $l_0=30$m，实际长度 $l'=30.005$m，检定钢尺时温度 $t_0=20$℃，钢尺的膨胀系数 $\alpha=1.25\times10^{-5}$。$A\sim1$ 尺段，$l=29.3930$m，$t=25.5$℃，$h_{AB}=+0.36$m，计算尺段改正后的水平距离。

**解** （1）$\Delta l = l' - l_0 = 30.005\text{m} - 30\text{m} = +0.005\text{m}$

$$\Delta l_d = \frac{\Delta l}{l_0} l = \frac{+0.005\mathrm{m}}{30\mathrm{m}} \times 29.3930\mathrm{m} = +0.0049\mathrm{m} = +4.9\mathrm{mm}$$

$$\Delta l_t = \alpha(t - t_0)l = 1.25 \times 10^{-5} \times (25.5℃ - 20℃) \times 29.3930\mathrm{m}$$

$$= +0.0020\mathrm{m} = +2.0\mathrm{mm}$$

$$\Delta l_h = -\frac{h^2}{2l} = -\frac{(+0.36\mathrm{m})^2}{2 \times 29.3930\mathrm{m}} = -0.0022\mathrm{m} = -2.2\mathrm{m}$$

$$D_{A1} = l + \Delta l_d + \Delta l_t + \Delta l_h = 29.3930\mathrm{m} + 0.0049\mathrm{m} + 0.0020\mathrm{m} + (-0.0022\mathrm{m})$$

$$= 29.3977\mathrm{m}$$

(2)计算全长。将各个尺段改正后的水平距离相加,便得到直线 $AB$ 的往测水平距离。如表 4 - 1 中往测的水平距离 $D_{往}$ 为:

$$D_{往} = 134.9805\mathrm{m}$$

同样,按返测记录,计算出返测的水平距离 $D_{返}$ 为:

$$D_{返} = 134.9868\mathrm{m}$$

取平均值作为直线 $AB$ 的水平距离 $D_{AB}$

$$D_{AB} = 134.9837\mathrm{m}$$

其相对误差为

$$K = \frac{|D_{往} - D_{返}|}{D_{AB}} = \frac{|134.9805\mathrm{m} - 134.9868\mathrm{m}|}{134.9837\mathrm{m}} \approx \frac{1}{21000}$$

相对误差如果在限差以内,则取其平均值作为最后成果。若相对误差超限,应返工重测。

## (三)钢尺量距的误差分析及注意事项

影响钢尺量距精度的因素很多,主要有定线误差、尺长误差、温度测定误差、钢尺倾斜误差、拉力不均误差、钢尺对准误差、读数误差等。现择其主要者讨论如下。

### 1. 尺长误差

钢尺名义长度与实际长度之差产生的尺长误差对量距的影响,是随着距离的增加而增加的。在高精度量距时应加尺长改正,并要求钢尺检定误差 < 1mm。

### 2. 温度误差

钢尺的长度随温度而变化,当丈量时温度和标准温度不一致时,将产生温度误差。一般量距时,当温度变化小于 10℃ 时,可以不加改正,但精密量距时,必须加温度改正。所以量距宜在阴天进行,最好用半导体温度计测量钢尺的自身温度。

### 3. 定线误差

在量距时由于钢尺没有准确地安放在待量距的直线方向上,所量的是折线而不是直线,造成量距结果偏大。

### 4. 尺子倾斜和垂曲误差

钢尺量距时若钢尺不水平,或钢尺测量距离时两端高差测定有误差,对测量会产生误差,使距离测量值偏大。因此,丈量时,必须注意尺子水平,整尺段悬空时,中间应有人托平尺子。在精密量距时,可用普通水准仪测定高差即可。

### 5. 拉力不均误差

在一般丈量中,只要保持拉力均匀即可,而在精密量距时应使用弹簧秤控制拉力,使钢尺在丈量时所受拉力与检定时拉力相同。

### 6. 钢尺对准及读数误差

在量距时,由于钢尺对点不准、测钎安置误差及读数误差都会使量距产生误差。这些误差是偶然误差,所以量距时,应仔细认真。并采用多次丈量取平均值的方法,以提高量距精度。此外,钢尺基本分划为 1mm,一般读数也到毫米,若不仔细会产生较大误差,所以测量时要认真仔细。

## 三、视距测量

视距测量是利用望远镜内的视距装置配合视距尺,根据几何光学和三角测量原理,同时测定距离和高差的方法。最简单的视距装置是测量仪器(如经纬仪、水准仪)的望远镜十字丝分划板上刻制上、下对称的两条短线,称视距丝。视距测量中的视距尺可用普通水准尺,也可用专用视距尺。

如图 4-8 所示,欲测定 $A$、$B$ 两点间的水平距离 $D$ 及高差 $h$,可在 $A$ 点安置经纬仪,$B$ 点立视距尺,设望远镜视线水平,瞄准 $B$ 点视距尺,此时视线与视距尺垂直。若尺上 $M$、$N$ 点成像在十字丝分划板上的两根视距丝 $m$,$n$ 处,那么尺上 $MN$ 的长度可由上,下视距丝读数之差求得,如图 4-7。上,下丝读数之差称为视距间隔或尺间隔。公式:

$$l = n - m, D = kl (通常\ k = 100)$$

同时,由图 4-8 可以看出 $A$、$B$ 的高差

$$h = i - v$$

式中:$i$—— 仪器高,是桩顶到仪器横轴中心的高度;

$v$—— 瞄准高,是十字丝中丝在尺上的读数;

$l$—— 视距间隔;

$f$—— 物镜焦距;

$p$—— 视距丝间隔;

$\delta$—— 为物镜至仪器中心的距离。

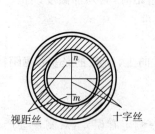

图 4-7 望远镜视距丝

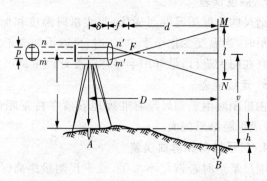

图 4-8 视线水平时的视距测量

# 项目二　光电测距

## 一、光电测距的方法

　　长距离丈量是一项繁重的工作,劳动强度大,工作效率低,尤其是在山区、沼泽区等地势复杂地区,丈量工作更是困难。为了改变这种状况,于20世纪50年代研制成了光电测距仪。近年来,由于电子技术及微处理机的迅猛发展,各类光电测距仪竞相出现,已在测量工作得到了普遍的应用。

　　电磁波测距按测程来分,有短程(< 3km)、中程(3 ～ 15km)和远程(> 15km)之分。按测距精度来分,有Ⅰ级(5mm)、Ⅱ级(5 ～ 10mm)和Ⅲ级(>10mm)。按载波来分,采用微波段的电磁波作为载波的称为微波测距仪;采用光波作为载波的称为光电测距仪。光电测距仪所使用的光源有激光光源和红外光源(普通光源已淘汰),采用红外线波段作为载波的称为红外测距仪。由于红外测距仪是以砷化稼(GaAs)发光二极管所发的荧光作为载波源,发出的红外线的强度能随注入电信号的强度而变化,因此它兼有载波源和调制器的双重功能。GaAs发光二极管体积小,亮度高,功耗小,寿命长,且能连续发光,所以红外测距仪获得了更为迅速的发展。本节讨论的是红外光电测距仪。

## 二、测距原理

　　欲测定$A$、$B$两点间的距离$D$,安置仪器于$A$点,安置反射镜于$B$点,如图4-9。仪器发射的光束由$A$至$B$,经反射镜反射后又返回到仪器。设光速$c$为已知,如果光束在待测距离$D$上往返传播的时间$t_{2D}$。已知,则距离$D$可由下式求出

$$D = \frac{1}{2}ct_{2D}$$

　　式中,$c = c_0/n$,$c_0$—— 真空中的光速值,其值为299792458m/s;

　　　　　$n$—— 大气折射率,它与测距仪所用光源的波长,测线上的气温$t$、气压$P$和湿度$e$有关。

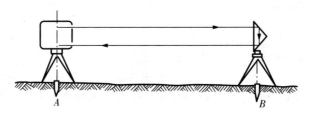

图4-9　测距原理

　　测定距离的精度,主要取决于测定时间$t_{2D}$的精度。例如要求保证±1cm的测距精度,时间测定要求准确到$6.7 \times 10^{-11}$s,这是难以做到的。因此,大多采用间接测定法来测定$t_{2D}$。间接测定$t_{2D}$的方法有下列两种:

　　(1)脉冲式测距

　　由测距仪的发射系统发出光脉冲,经被测目标反射后,再由测距仪的接收系统接收,测

出这一光脉冲往返所需时间间隔的钟脉冲的个数以求得距离 $D$。由于计数器的频率一般为 $300\mathrm{MHz}(300 \times 10^6 \mathrm{Hz})$，测距精度为 $0.5\mathrm{m}$，精度较低。

（2）相位式测距

由测距仪的发射系统发出一种连续的调制光波，测出该调制光波在测线上往返传播所产生的相依移，以测定距离 $D$。红外光电测距仪一般都采用相位测距法。

在砷化镓（GaAs）发光二极管上加了频率为 $f$ 的交变电压（即注入交变电流）后，它发出的光强就随注入的交变电流呈正弦变化，这种光称为调制光。测距仪在 $A$ 点发出的调制光在待测距离上传播，经反射镜反射后被接收器所接收，然后用相位计将发射信号与接收信号进行相位比较，由显示器显出调制光在待测距离往、返传播所引起的相位移 $\phi$。

## 三、全站仪距离测量

在电子经纬仪支架上可以加装红外测距仪，与电子手簿相结合，可组成全站仪，能同时显示和记录水平角、垂直角、水平距离、斜距、高差、点的坐标数值等。大致测量过程如下：

（1）在测站点安置电子经纬仪；在电子经纬仪上连接安装光电测距仪；在目标点安置反光棱镜。

（2）用电子经纬仪瞄准反光棱镜的觇牌中心，操作键盘，在显示屏上显示水平角和垂直角。

（3）用光电测距仪瞄准反光棱镜中心，操作键盘，测量并输入测量时的温度、气压和棱镜常数，然后置入天顶距（即电子经纬仪所测垂直角），即可显示斜距、高差和水平距离。

（4）再输入测站点到照准点的坐标方位角及测站点的坐标和高程，即可显示照准点的坐标和高程。

另外，电子手簿中可储存上述数据，最后输入计算机进行数据处理和自动绘图。近些年来，这种全站型电子速测仪已逐步被自动化程度更高、功能更强大的全站仪所取代。

# 项目三　　直线定向

确定地面上两点之间的相对位置，除了需要测定两点之间的水平距离外，还需确定两点所连直线的方向。一条直线的方向，是根据某一标准方向来确定的。确定直线与标准方向之间的关系，称为直线定向。

## 一、标准方向

### （一）真子午线方向

通过地球表面某点的真子午线的切线方向，称为该点的真子午线方向。真子午线方向可用天文测量方法测定。

### （二）磁子午线方向

磁子午线方向是在地球磁场作用下，磁针在某点自由静止时其轴线所指的方向。磁子午线方向可用罗盘仪测定。

### （三）坐标纵轴方向

在高斯平面直角坐标系中，坐标纵轴线方向就是地面点所在投影带的中央子午线方向。在同一投影带内,各点的坐标纵轴线方向是彼此平行的。

## 二、方位角

　　测量工作中,常采用方位角表示直线的方向。从直线起点的标准方向北端起,顺时针方向量至该直线的水平夹角,称为该直线的方位角。方位角取值范围是 $0° \sim 360°$。因标准方向有真子午线方向、磁子午线方向和坐标纵轴方向之分,对应的方位角分别称为真方位角(用 $A$ 表示)、磁方位角(用 $A_m$ 表示)和坐标方位角(用 $\alpha$ 表示)。

## 三、三种方位角之间的关系

　　因标准方向选择的不同,使得一条直线有不同的方位角,如图 4-10 所示。过 1 点的真北方向与磁北方向之间的夹角称为磁偏角,用 $\delta$ 表示。过 1 点的真北方向与坐标纵轴北方向之间的夹角称为子午线收敛角,用 $\gamma$ 表示。

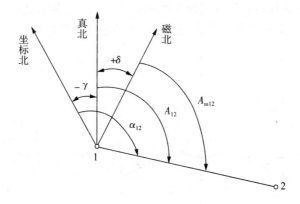

图 4-10　不同标准方向下的方位角

　　$\delta$ 和 $\gamma$ 的符号规定相同:当磁北方向或坐标纵轴北方向在真北方向东侧时,$\delta$ 和 $\gamma$ 的符号为"+";当磁北方向或坐标纵轴北方向在真北方向西侧时,$\delta$ 和 $\gamma$ 的符号为"-"。同一直线的三种方位角之间的关系为:

$$A = A_m + \delta \tag{4-11}$$

$$A = \alpha + \gamma \tag{4-12}$$

$$\alpha = A_m + \delta - \gamma \tag{4-13}$$

## 四、坐标方位角的推算

### (一)正、反坐标方位角

　　如图 4-11 所示,以 $A$ 为起点、$B$ 为终点的直线 $AB$ 的坐标方位角 $\alpha_{AB}$,称为直线 $AB$ 的坐标方位角。而直线 $BA$ 的坐标方位角 $\alpha_{BA}$,称为直线 $AB$ 的反坐标方位角。由图 4-11 中可以看出正、反坐标方位角间的关系为:

$$\alpha_{AB} = \alpha_{BA} \pm 180° \tag{4-14}$$

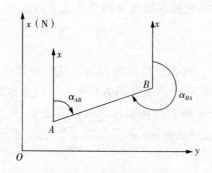

图 4-11　正反坐标方位角

## （二）坐标方位角的推算

在实际工作中并不需要测定每条直线的坐标方位角，而是通过与已知坐标方位角的直线连测后，推算出各直线的坐标方位角。如图4-12所示，已知直线12的坐标方位角$\alpha_{12}$，观测了水平角$\beta_2$和$\beta_3$，要求推算直线23和直线34的坐标方位角。

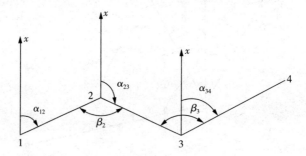

图 4-12　坐标方位角的推算

由图4-12可以看出：

$$\alpha_{23} = \alpha_{21} - \beta_2 = \alpha_{12} + 180° - \beta_2$$

$$\alpha_{34} = \alpha_{32} + \beta_3 = \alpha_{23} + 180° + \beta_3$$

因$\beta_2$在推算路线前进方向的右侧，该转折角称为右角；$\beta_3$在左侧，称为左角。从而可归纳出推算坐标方位角的一般公式为：

$$\alpha_{前} = \alpha_{后} + 180° + \beta_{左} \qquad\qquad (4-18)$$

$$\alpha_{前} = \alpha_{后} + 180° - \beta_{右} \qquad\qquad (4-19)$$

计算中，如果$\alpha$前$> 360°$，应自动减去$360°$；如果$\alpha$前$< 0°$，则自动加上$360°$。

## 五、象限角

### （一）象限角

由坐标纵轴的北端或南端起，沿顺时针或逆时针方向量至直线的锐角，称为该直线的象限角，用$R$表示，其角值范围为$0° \sim 90°$。如图4-13所示，直线$O1$、$O2$、$O3$和$O4$的象限

角分别为北东 $R_{O1}$、南东 $R_{O2}$、南西 $R_{O3}$ 和北西 $R_{O4}$。

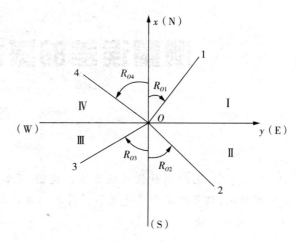

图 4-13    象限角

## （二）坐标方位角与象限角的换算关系

由图 4-14 可以看出坐标方位角与象限角的换算关系：

在第 Ⅰ 象限，$R=\alpha$；

在第 Ⅱ 象限，$R=180°-\alpha$；

在第 Ⅲ 象限，$R=\alpha-180°$；在第 Ⅳ 象限，$R=360°-\alpha$。

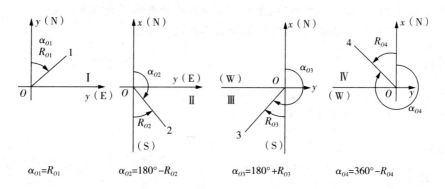

图 4-14    坐标方位角与象限角的换算关系

表 4-2    不同象限坐标增量的符号

| 坐标方位角 $\alpha_{AB}$ 及其所在象限 | $\Delta X_{AB}$ 之符号 | $\Delta Y_{AB}$ 之符号 |
|---|---|---|
| 0°～90°（第一象限） | + | + |
| 90°～180°（第二象限） | − | + |
| 180°～270°（第三象限） | − | − |
| 270°～360°（第四象限） | + | − |

# 模块五　测量误差的基本知识

## 模块概述

　　测量实践表明,在测量工作中,无论测量仪器设备多么精密,无论观测者多么仔细认真,也无论观测环境多么良好,在测量结果中总是有误差存在。这种差异表现为测量结果与观测量客观存在的真值之间的差值。

## 知识目标

　　◆ 了解误差概述、误差来源、误差分类、偶然误差特性。
　　◆ 了解观测值的算术平均值,衡量精度的指标:中误差、限差、相对中误差。
　　◆ 了解算术平均值的计算及其最优性讨论、算术平均值的中误差。

## 技能目标

　　◆ 能用测量误差知识分析水准、角度等直接观测量及其函数的中误差。
　　◆ 针对不同的精度要求,合理选择观测仪器和观测方法。

## 素质目标

　　◆ 培养学生严谨求实的学习态度。
　　◆ 培养学生独立思考的能力。

## 课时建议

　　2 学时

## 项目一　测量误差的概念

　　在测量工作中,无论测量仪器设备多么精密,无论观测者多么仔细认真,也无论观测环境多么良好,在测量结果中总是有误差存在。例如,对某一三角形的三个内角进行观测,其三个角值之和不等于 $180°$,又如,观测某一闭合水准路线,各测站的高差之和也不等于零。这种差异表现为测量结果与观测量客观存在的真值之间的差值。这种差值称为真误差。一般用 $\Delta_i$ 表示真误差,用 $X$ 表示真值,用 $L_i$ 表示观测值。

$$\Delta_i = L_i - X \qquad (5-1)$$

# 项目二　　测量误差的来源

在测量时,引起误差的因素有很多,概括起来主要有以下三个方面:

## 一、测量仪器误差

测量工作总是需要使用一定的仪器、工具设备,由于仪器设备本身的精密度,所以观测必然受到其影响,再者仪器设备在使用前虽经过了校正,但残余误差仍然存在,测量结果中就不可避免地包含了这种误差。

## 二、观测者误差

由于观测者的生理、习性以及感觉器官的鉴别能力有限,无论怎样认真仔细地对待测量工作,在仪器的安置、照准、读数等方面都会产生误差。

## 三、外界条件的影响

观测时所处的外界条件,如温度、湿度、风力、气压等因素的影响,必然使观测结果产生误差。

测量仪器、观测者和外界条件这三方面的因素综合起来称为观测条件。观测条件与观测结果的精度有着密切的关系。在较好的观测条件下进行观测所得的观测结果的精度就要高一些,反之,观测结果的精度就要低。

# 项目三　　测量误差的分类

根据测量误差对观测结果的影响性质不同,测量误差可分为系统误差和偶然误差两类。

## 一、系统误差

在相同的观测条件下对某量进行一系列观测,如果误差出现的符号及大小均相同或按一定的规律变化,这种误差称为系统误差。

系统误差产生的原因主要是仪器制造或校正不完善、观测人员操作习惯等因素引起的。如量距中用名义长度为30m而经检定后实际长度为30.001m的钢尺,每量一尺段就有0.001m的误差,丈量误差与距离成正比。可见系统误差具有累积性。又如某些观测者在照准目标时,总习惯于把望远镜十字丝对准于目标的某一侧,也会使观测结果带有系统误差。

在实际测量工作时,系统误差可以采取适当的观测方法或加改正数来消除或减小其影响。例如,在水准测量中采用前后视距相等来消除视准轴与水准管轴不平行而产生的误差,在水平角观测中采用盘左、盘右观测来消除视准轴误差等。因此,只要找到系统误差的规律之后,就可以采取一定的观测方法、观测手段,设法减小以至消除系统误差的影响。

## 二、偶然误差

在相同的观测条件下对某量进行一系列观测,如果误差的符号和大小都具有不确定性,但就大量观测误差总体而言,又服从于一定的统计规律性,这种误差称为偶然误差,也叫随机误差。如读数的估读误差、望远镜的照准误差、经纬仪的对中误差等。偶然误差产生的原因是由观测者、外界条件等多方面引起的。对偶然误差,通常采用增加观测次数来减少其误差,提高观测成果的质量。

在观测过程中,系统误差与偶然误差是同时产生的,当系统误差采取了适当的方法加以消除或减小以后,决定观测精度的主要因素就是偶然误差了,偶然误差影响了观测结果的精确性,所以在测量误差理论中研究对象主要是偶然误差。

# 项目四　衡量精度的标准

精度,就是观测成果的精确程度。在测量工作中通常用中误差、容许误差和相对误差作为衡量精度的标准。

## 一、中误差

设在相同的观测条件下,对某量(其真值为 $X$)进行 $n$ 次重复观测,其观测值为 $l_1,l_2$、$\cdots,l_n$,可得相应的真误差为 $\Delta_1,\Delta_2,\cdots,\Delta_n$。为了防止正负误差互相抵消和避免明显地反映个别较大误差的影响,取各真误差平方和的平均值的平方根,作为该组各观测值的中误差(或称为均方误差),以 $m$ 表示:

$$m = \pm\sqrt{\frac{[\Delta\Delta]}{n}}$$

式中,$[\Delta\Delta] = \Delta_1^2 + \Delta_2^2 + \cdots\cdots + \Delta_n^2$,真误差平方和。

**例 5-1**　等精度观测三角形内角 6 测回并计算内角和,A 组真误差 $02''$,$-08''$,$-08''$,$10''$,$10''$,$-08''$;B 组真误差 $-04''$,$06''$,$-05''$,$09''$,$-12''$,$16''$,计算观测精度。

**解:**

$$(1)m = \pm\sqrt{\frac{[vv]}{n}} = \pm\sqrt{\frac{02^2 + (-08)^2 + (-08)^2 + 10^2 + 10^2 + (-08)^2}{6}} = \pm 8.1''$$

$$(2)m = \pm\sqrt{\frac{[vv]}{n}} = \pm\sqrt{\frac{(-04)^2 + 06^2 + (-05)^2 + 09^2 + (-12)^2 + 16^2}{6}} = \pm 9.6''$$

结论:A 组精度高。

## 二、容许误差(极限误差)

容许误差为在一定观测条件下,偶然误差的绝对值不应超过的限值。

在测量工作中,通常以三倍中误差作为偶然误差的容许误差,$\Delta_容 = 3m$。

相对中误差(观测量的精度与观测量本身的大小有关时):相对误差是绝对误差的绝对

值与相应观测值之比，并化为分子为 1 的分数，即

$$K = \frac{|m|}{D} = \frac{1}{\dfrac{D}{|m|}}$$

# 项目五　算术平均值及其中误差

## 一、算术平均值

在相同的观测条件下，对某量进行多次重复观测，当观测次数 $n$ 无限增大时，算术平均值趋近于真值。但在实际测量工作中，观测次数总是有限的，通常取算术平均值 $L$ 作为最后结果。

$$\lim_{n \to \infty} L = \lim_{n \to \infty} \frac{[\Delta]}{n} + X = X$$

## 二、由观测值改正数计算观测值中误差

（1）观测值改正数 $v$：观测量的算术平均值与观测值之差。

$[v] = 0$（对于等精度观测，观测值改正数的总和为零。）

（2）由观测值改正数计算观测值中误差（无法求得真误差）

$$m = \pm\sqrt{\frac{[vv]}{n-1}}$$

## 三、算术平均值的中误差

$$M = \pm \frac{m}{\sqrt{n}}$$

算术平均值的中误差 $M$ 要比观测值的中误差 $m$ 小 $\sqrt{n}$ 倍，观测次数越多，则算术平均值的中误差就越小，精度就越高。适当增加观测次数，可提高精度。

**例 5 - 2**　设对某边等精度观测了 6 个测回，观测值分别为 108.601m、108.600m、108.608m、108.620m、108.624m、108.631m，求算术平均值和相对中误差。

**解：**

$$l = \frac{l_1 + l_2 + \cdots + l_n}{n} = \frac{108.601 + 108.600 + 108.608 + 108.620 + 108.624 + 108.631}{6}$$

$$= 108.614$$

$$v_1 = l - l_1 = 108.614 - 108.601 = 0.013$$

$$v_2 = l - l_2 = 108.614 - 108.600 = 0.014$$

$$v_3 = l - l_3 = 108.614 - 108.608 = 0.006$$

$$v_4 = l - l_4 = 108.614 - 108.620 = -0.006$$

$$v_5 = l - l_5 = 108.614 - 108.624 = -0.010$$

$$v_6 = l - l_6 = 108.614 - 108.631 = -0.017$$

$$m = \pm\sqrt{\frac{[vv]}{n-1}} = \pm\sqrt{\frac{0.013^2 + 0.014^2 + 0.006^2 + (-0.006)^2 + (-0.010)^2 + (-0.017)^2}{6-1}}$$

$$= \pm 0.013$$

$$M = \pm\frac{m}{\sqrt{n}} = \pm\frac{0.013}{\sqrt{6}} = 0.005(\text{mm})$$

$$m_k = \frac{|M|}{D} = \frac{0.005}{108.614} = \frac{1}{20465} \approx \frac{1}{20000}$$

# 模块六　小地区控制测量

## 模块概述

测量工作必须遵循"从整体到局部,先控制后碎部"的原则,先建立控制网,然后根据控制网进行碎部测量和测设。控制网分为平面控制网和高程控制网两种。测定控制点平面位置的工作,称为平面控制测量。测定控制点高程的工作,称为高程控制测量。

## 知识目标

◆ 控制测量的等级、精度要求和有关规范。

◆ 小地区控制平面控制测量、高程控制测量的布设方法。

◆ 导线测量,交会定点。

◆ 三角高程测量。

## 技能目标

◆ 了解小地区控制平面控制测量、高程控制测量的布设方法,控制测量的等级、精度要求和有关规范。

◆ 掌握导线测量的外业测量、内业计算,交会定点的计算,三角高程的测量和计算方法。

## 素质目标

◆ 培养学生严谨认真的学习态度。

◆ 培养学生的计算能力和独立思考的能力。

◆ 培养学生相互配合相互协作的团队精神。

## 课时建议

6 课时

# 项目一　小地区控制测量概述

## 一、控制测量的概念

### 1. 控制网

在测区范围内选择若干有控制意义的点(称为控制点),按一定的规律和要求构成网状几何图形,称为控制网。

控制网分为平面控制网和高程控制网。

2. **控制测量**

测定控制点位置的工作,称为控制测量。

测定控制点平面位置($x$、$y$)的工作,称为平面控制测量。测定控制点高程($H$)的工作,称为高程控制测量。

控制网有国家控制网、城市控制网和小地区控制网等。

## 二、国家控制网

在全国范围内建立的控制网,称为国家控制网。它是全国各种比例尺测图的基本控制,并为确定地球形状和大小提供研究资料。国家控制网是用精密测量仪器和方法,依照施测精度按一、二、三、四等四个等级建立的,它的低级点受高级点逐级控制。

国家平面控制网,主要布设成三角网,采用三角测量的方法。如图6-1所示,一等三角锁是国家平面控制网的骨干;二等三角网布设于一等三角锁环内,是国家平面控制网的全面基础;三、四等三角网为二等三角网的进一步加密。

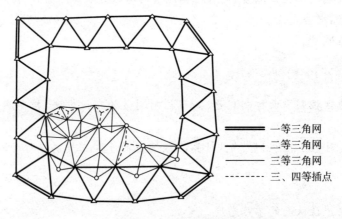

图6-1 国家三角网

国家高程控制网,布设成水准网,采用精密水准测量的方法。如图6-2所示,一等水准网是国家高程控制网的骨干;二等水准网布设于一等水准环内,是国家高程控制网的全面基础;三、四等水准网为国家高程控制网的进一步加密。

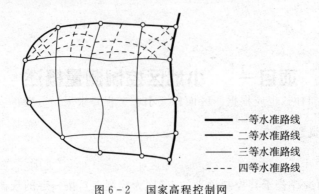

图6-2 国家高程控制网

## 三、城市控制网

在城市地区,为测绘大比例尺地形图、进行市政工程和建筑工程放样,在国家控制网的控制下而建立的控制网,称为城市控制网。

城市平面控制网分为二、三、四等和一、二级小三角网,或一、二、三级导线网。最后,再布设直接为测绘大比例尺地形图所用的图根小三角和图根导线。

城市高程控制网分为二、三、四等,在四等以下再布设直接为测绘大比例尺地形图用的图根水准测量。

直接供地形测图使用的控制点,称为图根控制点,简称图根点。测定图根点位置的工作,称为图根控制测量。图根控制点的密度(包括高级控制点),取决于测图比例尺和地形的复杂程度。平坦开阔地区图根点的密度一般不低于表6-1的规定;地形复杂地区、城市建筑密集区和山区,可适当加大图根点的密度。

表6-1  图根点的密度

| 测图比例尺 | 1:500 | 1:1000 | 1:2000 | 1:5000 |
|---|---|---|---|---|
| 图根点密度(点/km$^2$) | 150 | 50 | 15 | 5 |

## 四、小地区控制测量

在面积小于15km$^2$范围内建立的控制网,称为小地区控制网。

建立小地区控制网时,应尽量与国家(或城市)已建立的高级控制网连测,将高级控制点的坐标和高程,作为小地区控制网的起算和校核数据。如果周围没有国家(或城市)控制点,或附近有这种国家控制点而不便连测时,可以建立独立控制网。此时,控制网的起算坐标和高程可自行假定,坐标方位角可用测区中央的磁方位角代替。

小地区平面控制网,应根据测区面积的大小按精度要求分级建立。在全测区范围内建立的精度最高的控制网,称为首级控制网;直接为测图而建立的控制网,称为图根控制网。首级控制网和图根控制网的关系如表6-2所示。

表6-2  首级控制网和图根控制网

| 测区面积/km | 首级控制网 | 图根控制网 |
|---|---|---|
| 1~10 | 一级小三角或一级导线 | 两级图根 |
| 0.5~2 | 二级小三角或二级导线 | 两级图根 |
| 0.5以下 | 图根控制 | |

小地区高程控制网,也应根据测区面积大小和工程要求采用分级的方法建立。在全测区范围内建立三、四等水准路线和水准网,再以三、四等水准点为基础,测定图根点的高程。

本章主要介绍用导线测量方法建立小地区平面控制网,以及用三、四等水准测量及图根水准测量方法建立小地区高程控制网。

# 项目二　导线测量

在测区内,将相邻控制点用直线连接而构成的折线图形,称为导线。构成导线的控制点,称为导线点。导线测量就是依次测定各导线边的长度和各转折角值,再根据起算数据,推算出各边的坐标方位角,从而求出各导线点的坐标。

导线测量是建立小地区平面控制网常用的一种方法,特别是在地物分布复杂的建筑区、视线障碍较多的隐蔽区和带状地区,多采用导线测量的方法。

用经纬仪测量转折角,用钢尺测定导线边长的导线,称为经纬仪导线;若用光电测距仪测定导线边长,则称为光电测距导线。

## 一、导线的布设形式

### (一)闭合导线

如图 6-3 所示。导线从已知控制点 $B$ 和已知方向 $BA$ 出发,经过 1、2、3、4 最后仍回到起点 $B$,形成一个闭合多边形,这样的导线称为闭合导线。闭合导线本身存在着严密的几何条件,具有检核作用。

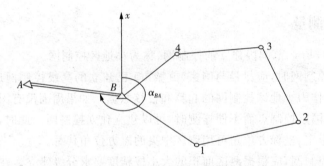

图 6-3　闭合导线

### (二)附合导线

如图 6-4 所示,导线从已知控制点 $B$ 和已知方向 $BA$ 出发,经过 1、2、3 点,最后附合到另一已知点 $C$ 和已知方向 $CD$ 上,这样的导线称为附合导线。这种布设形式,具有检核观测成果的作用。

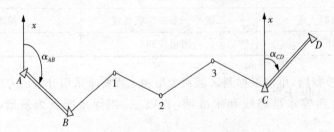

图 6-4　附合导线

（三）支导线

支导线是由一已知点和已知方向出发，既不附合到另一已知点，又不回到原起始点的导线，称为支导线。如图6-5，$B$为已知控制点，$\alpha_{AB}$为已知方向，1、2为支导线点。

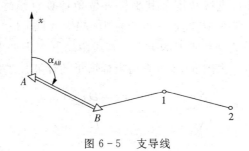

图6-5　支导线

## 二、导线测量的等级与技术要求

表6-3　经纬仪导线的主要技术要求

| 等级 | 测图比例尺 | 附合导线长度/m | 平均边长/m | 往返丈量差相对误差 | 测角中误差/″ | 导线全长相对闭合差 | 测回数 | | 方位角闭合差/″ |
| --- | --- | --- | --- | --- | --- | --- | --- | --- | --- |
| | | | | | | | DJ₂ | DJ₆ | |
| 一级 | | 2500 | 250 | ≤1/20000 | ≤±5 | ≤1/10000 | 2 | 4 | ≤±$10\sqrt{n}$ |
| 二级 | | 1800 | 180 | ≤1/15000 | ≤±8 | ≤1/7000 | 1 | 3 | ≤±$16\sqrt{n}$ |
| 三级 | | 1200 | 120 | ≤1/10000 | ≤±12 | ≤1/5000 | 1 | 2 | ≤±$24\sqrt{n}$ |
| 图根 | 1:500 | 500 | 75 | | | ≤1/2000 | | 1 | ≤±$60\sqrt{n}$ |
| | 1:1000 | 1000 | 110 | | | | | | |
| | 1:2000 | 2000 | 180 | | | | | | |

注：$n$为测站数。

表6-4　光电测距导线的主要技术要求

| 等级 | 测图比例尺 | 附合导线长度/m | 平均边长/m | 测距中误差/mm | 测角中误差/″ | 导线全长相对闭合差 | 测回数 | | 方位角闭合差/″ |
| --- | --- | --- | --- | --- | --- | --- | --- | --- | --- |
| | | | | | | | DJ₂ | DJ₆ | |
| 一级 | | 3600 | 300 | ≤±15 | ≤±5 | ≤1/14000 | 2 | 4 | ≤±$10\sqrt{n}$ |
| 二级 | | 2400 | 200 | ≤±15 | ≤±8 | ≤1/10000 | 1 | 3 | ≤±$16\sqrt{n}$ |
| 三级 | | 1500 | 120 | ≤±15 | ≤±12 | ≤1/6000 | 1 | 2 | ≤±$24\sqrt{n}$ |
| 图根 | 1:500 | 900 | 80 | | | ≤1/4000 | | 1 | ≤±$40\sqrt{n}$ |

## 三、导线测量的内业计算

导线测量内业计算的目的就是计算各导线点的平面坐标$x$、$y$。

计算之前，应先全面检查导线测量外业记录、数据是否齐全，有无记错、算错，成果是否符合精度要求，起算数据是否准确。然后绘制计算略图，将各项数据注写在图上的相应位置,如图 6-7 所示。

## (一)坐标计算的基本公式

### 1. 坐标正算

根据直线起点的坐标、直线长度及其坐标方位角计算直线终点的坐标,称为坐标正算。如图 6-6 所示,已知直线 $AB$ 起点 $A$ 的坐标为 $(x_A , y_A)$,$AB$ 边的边长及坐标方位角分别为 $D_{AB}$ 和 $\alpha_{AB}$,需计算直线终点 $B$ 的坐标。直线两端点 $A$、$B$ 的坐标值之差,称为坐标增量,用 $\Delta x_{AB}$、$\Delta y_{AB}$ 表示。由图 6-6 可看出坐标增量的计算公式为:

$$\begin{cases} \Delta x_{AB} = x_B - x_A = D_{AB}\cos\alpha_{AB} \\ \Delta y_{AB} = y_B - y_A = D_{AB}\sin\alpha_{AB} \end{cases} \quad (6-1)$$

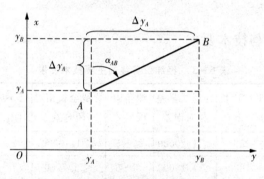

图 6-6　坐标增量计算

根据式(6-1)计算坐标增量时,sin 和 cos 函数值随着 $\alpha$ 角所在象限而有正负之分,因此算得的坐标增量同样具有正、负号。坐标增量正、负号的规律如表 6-5 所示。

表 6-5　坐标增量正、负号的规律

| 象限 | 坐标方位角 $\alpha$ | $\Delta x$ | $\Delta y$ |
|------|------|------|------|
| Ⅰ | $0° \sim 90°$ | $+$ | $+$ |
| Ⅱ | $90° \sim 180°$ | $-$ | $+$ |
| Ⅲ | $180° \sim 270°$ | $-$ | $-$ |
| Ⅳ | $270° \sim 360°$ | $+$ | $-$ |

则 $B$ 点坐标的计算公式为:

$$\begin{cases} x_B = x_A + \Delta x_{AB} = x_A + D_{AB}\cos\alpha_{AB} \\ y_B = y_A + \Delta y_{AB} = y_A + D_{AB}\sin\alpha_{AB} \end{cases} \quad (6-2)$$

**例 6-1**　已知 $AB$ 边的边长及坐标方位角为 $D_{AB} = 135.62\text{m}$,$\alpha_{AB} = 80°36'54''$,若 $A$ 点的坐标为 $x_A = 435.56\text{m}$,$y_A = 658.82\text{m}$,试计算终点 $B$ 的坐标。

**解:**根据式(6-2)得

$$x_B = x_A + D_{AB}\cos\alpha_{AB} = 435.56\text{m} + 135.62\text{m} \times \cos80°36'54'' = 457.68\text{m}$$

$$y_B = y_A + D_{AB}\sin\alpha_{AB} = 658.82\text{m} + 135.62\text{m} \times \sin80°36'54'' = 792.62\text{m}$$

## 2. 坐标反算

根据直线起点和终点的坐标,计算直线的边长和坐标方位角,称为坐标反算。如图6-10所示,已知直线 $AB$ 两端点的坐标分别为 $(x_A, y_A)$ 和 $(x_B, y_B)$,则直线边长 $D_{AB}$ 和坐标方位角 $\alpha_{AB}$ 的计算公式为:

$$D_{AB} = \sqrt{\Delta x_{AB}^2 + \Delta y_{AB}^2} \qquad (6-3)$$

$$\alpha_{AB} = \arctan\frac{\Delta y_{AB}}{\Delta x_{AB}} \qquad (6-4)$$

应该注意的是坐标方位角的角值范围在 $0° \sim 360°$ 间,而 arctan 函数的角值范围在 $-90° \sim +90°$ 间,两者是不一致的。按式(6-4)计算坐标方位角时,计算出的是象限角,因此,应根据坐标增量 $\Delta x$、$\Delta y$ 的正、负号,按表6-5决定其所在象限,再把象限角换算成相应的坐标方位角。

**例6-2** 已知 $A$、$B$ 两点的坐标分别为

$$x_A = 342.99\text{m}, y_A = 814.29\text{m}, x_B = 304.50\text{m}, y_B = 525.72\text{m}$$

试计算 $AB$ 的边长及坐标方位角。

**解** 计算 $A$、$B$ 两点的坐标增量

$$\Delta x_{AB} = x_B - x_A = 304.50\text{m} - 342.99\text{m} = -38.49\text{m}$$

$$\Delta y_{AB} = y_B - y_A = 525.72\text{m} - 814.29\text{m} = -288.57\text{m}$$

根据式(6-3)和式(6-4)得

$$D_{AB} = \sqrt{\Delta x_{AB}^2 + \Delta y_{AB}^2} = \sqrt{(-38.49\text{m})^2 + (-288.57\text{m})^2} = 291.13\text{m}$$

$$\alpha_{AB} = \arctan\frac{\Delta y_{AB}}{\Delta x_{AB}} = \arctan\frac{-288.57\text{m}}{-38.49\text{m}} = 262°24'09''$$

## (二)闭合导线的坐标计算

现以图6-7所注的数据为例(该例为图根导线),结合"闭合导线坐标计算表"的使用,说明闭合导线坐标计算的步骤。

### 1. 准备工作

将校核过的外业观测数据及起算数据填入"闭合导线坐标计算表"中,见表6-6,起算数据用单线标明。

### 2. 角度闭合差的计算与调整

(1)计算角度闭合差

如图6-17所示,$n$ 边形闭合导线内角和的理论值为:

$$\sum\beta_{\text{th}} = (n-2) \times 180° \qquad (6-5)$$

式中,$n$—— 导线边数或转折角数。

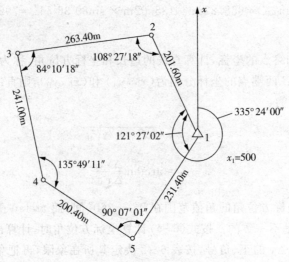

图 6-7 闭合导线略图

由于观测水平角不可避免地含有误差,致使实测的内角之和 $\sum \beta_m$ 不等于理论值 $\sum \beta_{th}$,两者之差,称为角度闭合差,用 $f_\beta$ 表示,即

$$f_\beta = \sum \beta_m - \sum \beta_{th} = \sum \beta_m - (n-2) \times 180° \qquad (6-6)$$

(2)计算角度闭合差的容许值

角度闭合差的大小反映了水平角观测的质量。各级导线角度闭合差的容许值 $f_{\beta p}$ 见表 6-3 和表 6-4,其中图根导线角度闭合差的容许值 $f_{\beta p}$ 的计算公式为:

$$f_{\beta p} = \pm 60'' \sqrt{n} \qquad (6-7)$$

如果 $|f_\beta| > |f_{\beta p}|$,说明所测水平角不符合要求,应对水平角重新检查或重测。

如果 $|f_\beta| \leqslant |f_{\beta p}|$,说明所测水平角符合要求,可对所测水平角进行调整。

(3)计算水平角改正数

如角度闭合差不超过角度闭合差的容许值,则将角度闭合差反符号平均分配到各观测水平角中,也就是每个水平角加相同的改正数 $v_\beta$,$v_\beta$ 的计算公式为:

$$v_\beta = -\frac{f_\beta}{n} \qquad (6-8)$$

计算检核:水平角改正数之和应与角度闭合差大小相等符号相反,即

$$\sum v_\beta = -f_\beta$$

计算改正后的水平角　　改正后的水平角 $\beta_{i改}$ 等于所测水平角加上水平角改正数

$$\beta_{i改} = \beta_i + v_\beta \qquad (6-9)$$

计算检核:改正后的闭合导线内角之和应为 $(n-2) \times 180°$,本例为 540°。

本例中 $f_\beta$、$f_{\beta p}$ 的计算见表 6-6 辅助计算栏,水平角的改正数和改正后的水平角见表 6

### 3. 推算各边的坐标方位角

根据起始边的已知坐标方位角及改正后的水平角,按式(4-18)和式(4-19)推算其他各导线边的坐标方位角。

本例观测左角,按式(4-18)推算出导线各边的坐标方位角,填入表6-6的第5栏内。

计算检核:最后推算出起始边坐标方位角,它应与原有的起始边已知坐标方位角相等,否则应重新检查计算。

### 4. 坐标增量的计算及其闭合差的调整

(1) 计算坐标增量

根据已推算出的导线各边的坐标方位角和相应边的边长,按式(6-1)计算各边的坐标增量。例如,导线边1—2的坐标增量为:

$$\Delta x_{12} = D_{12}\cos\alpha_{12} = 201.60\text{m} \times \cos335°24'00'' = +183.30\text{m}$$

$$\Delta y_{12} = D_{12}\sin\alpha_{12} = 201.60\text{m} \times \sin335°24'00'' = -83.92\text{m}$$

用同样的方法,计算出其他各边的坐标增量值,填入表6-6的第7、8两栏的相应格内。

(2) 计算坐标增量闭合差

如图6-8(a)所示,闭合导线,纵、横坐标增量代数和的理论值应为零,即

$$\left.\begin{array}{l} \sum \Delta x_{\text{th}} = 0 \\ \sum \Delta y_{\text{th}} = 0 \end{array}\right\} \tag{6-10}$$

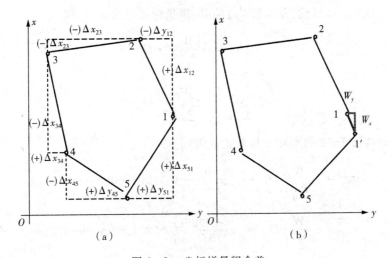

图6-8 坐标增量闭合差

实际上由于导线边长测量误差和角度闭合差调整后的残余误差,使得实际计算所得的 $\sum \Delta x_{\text{m}}$、$\sum \Delta y_{\text{m}}$ 不等于零,从而产生纵坐标增量闭合差 $W_x$ 和横坐标增量闭合差 $W_y$,即

$$\left\{\begin{array}{l} W_x = \sum \Delta x_{\text{m}} \\ \\ W_y = \sum \Delta y_{\text{m}} \end{array}\right. \tag{6-11}$$

（3）计算导线全长闭合差 $W_D$ 和导线全长相对闭合差 $W_K$

从图 6-8(b) 可以看出，由于坐标增量闭合差 $W_x$、$W_y$ 的存在，使导线不能闭合，1—1′ 之长度 $W_D$ 称为导线全长闭合差，并用下式计算

$$W_D = \sqrt{W_x^2 + W_y^2} \tag{6-12}$$

仅从 $W_D$ 值的大小还不能说明导线测量的精度，衡量导线测量的精度还应该考虑到导线的总长。将 $W_D$ 与导线全长 $\sum D$ 相比，以分子为 1 的分数表示，称为导线全长相对闭合差 $W_K$，即

$$K = \frac{W_D}{\sum D} = \frac{1}{\sum D / W_D} \tag{6-13}$$

以导线全长相对闭合差 $W_K$ 来衡量导线测量的精度，$W_K$ 的分母越大，精度越高。不同等级的导线，其导线全长相对闭合差的容许值 $W_{Kp}$ 参见表 6-3 和表 6-4，图根导线的 $W_{Kp}$ 为 1/2000。

如果 $W_K > W_{Kp}$，说明成果不合格，此时应对导线的内业计算和外业工作进行检查，必要时须重测。

如果 $W_K \leqslant W_{Kp}$，说明测量成果符合精度要求，可以进行调整。

本例中 $W_x$、$W_y$、$W_D$ 及 $W_K$ 的计算见表 6-6 辅助计算栏。

（4）调整坐标增量闭合差

调整的原则是将 $W_x$、$W_y$ 反号，并按与边长成正比的原则，分配到各边对应的纵、横坐标增量中去。以 $v_{xi}$、$v_{yi}$ 分别表示第 $i$ 边的纵、横坐标增量改正数，即

$$\begin{cases} v_{xi} = -\dfrac{W_x}{\sum D} \cdot D_i \\[3mm] v_{yi} = -\dfrac{W_y}{\sum D} \cdot D_i \end{cases} \tag{6-14}$$

本例中导线边 1—2 的坐标增量改正数为：

$$v_{x12} = -\frac{W_x}{\sum D} D_{12} = -\frac{-0.30\,\text{m}}{1137.80\,\text{m}} \times 201.60\,\text{m} = +0.05\,\text{m}$$

$$v_{y12} = -\frac{W_y}{\sum D} D_{12} = -\frac{-0.09\,\text{m}}{1137.80\,\text{m}} \times 201.60\,\text{m} = +0.02\,\text{m}$$

用同样的方法，计算出其他各导线边的纵、横坐标增量改正数，填入表 6-6 的第 7、8 栏坐标增量值相应方格的上方。

计算检核：纵、横坐标增量改正数之和应满足下式

$$\begin{cases} \sum v_x = -W_x \\[2mm] \sum v_y = -W_y \end{cases} \tag{6-15}$$

（5）计算改正后的坐标增量

各边坐标增量计算值加上相应的改正数，即得各边的改正后的坐标增量。

$$
\begin{cases}
\Delta x_{i改} = \Delta x_i + v_{xi} \\
\Delta y_{i改} = \Delta y_i + v_{yi}
\end{cases}
\tag{6-16}
$$

本例中导线边 $1-2$ 改正后的坐标增量为：

$$\Delta x_{12改} = \Delta x_{12} + v_{x12} = +183.30\text{m} + 0.05\text{m} = +183.35\text{m}$$

$$\Delta y_{12改} = \Delta y_{12} + v_{y12} = -83.92\text{m} + 0.02\text{m} = -83.90\text{m}$$

用同样的方法，计算出其他各导线边的改正后坐标增量，填入表 $6-6$ 的第 9、10 栏内。

计算检核：改正后纵、横坐标增量之代数和应分别为零。

### 5. 计算各导线点的坐标

根据起始点 1 的已知坐标和改正后各导线边的坐标增量，按下式依次推算出各导线点的坐标：

$$
\begin{cases}
x_i = x_{i-1} + \Delta x_{i-1改} \\
y_i = y_{i-1} + \Delta y_{i-1改}
\end{cases}
\tag{6-17}
$$

将推算出的各导线点坐标，填入表 $6-6$ 中的第 11、12 栏内。最后还应再次推算起始点 1 的坐标，其值应与原有的已知值相等，以作为计算检核。

表 6-6　闭合导线坐标计算表

| 点号 | 观测角（左角） | 改正数 ″ | 改正角 | 坐标方位角 $\alpha$ | 距离 D /m | 增量计算值 | | 改正后增量 | | 坐标值 | | 点号 |
|---|---|---|---|---|---|---|---|---|---|---|---|---|
| | | | | | | $\Delta x$/m | $\Delta y$/m | $\Delta x$/m | $\Delta y$/m | $x$/m | $y$/m | |
| 1 | 2 | 3 | 4 = 2 + 3 | 5 | 6 | 7 | 8 | 9 | 10 | 11 | 12 | 13 |
| 1 | | | | 335°24′00″ | 201.60 | +5 +183.30 | +2 -83.92 | +183.35 | -83.90 | 500.00 | 500.00 | 1 |
| 2 | 108°27′18″ | −10″ | 108°27′08″ | 263°51′08″ | 263.40 | +7 -28.21 | +2 -261.89 | -28.14 | -261.87 | 683.35 | 416.10 | 2 |
| 3 | 84°10′18″ | −10″ | 84°10′08″ | 168°01′16″ | 241.00 | +7 -235.75 | +2 +50.02 | -235.68 | +50.04 | 655.21 | 154.23 | 3 |
| 4 | 135°49′11″ | −10″ | 135°49′01″ | 123°50′17″ | 200.40 | +5 -111.59 | +1 +166.46 | -111.54 | +166.47 | 419.53 | 204.27 | 4 |
| 5 | 90°07′01″ | −10″ | 90°06′51″ | 33°57′08″ | 231.40 | +6 +191.95 | +2 +129.24 | +192.01 | +129.26 | 307.99 | 370.74 | 5 |
| 1 | 121°27′02″ | −10″ | 121°26′52″ | 335°24′00″ | | | | | | 500.00 | 500.00 | 1 |
| 2 | | | | | | | | | | | | |
| $\sum$ | 540°00′50″ | −50″ | 540°00′00″ | | 1137.80 | −0.30 | −0.90 | 0 | 0 | | | |
| 辅助计算 | $\sum \beta_m = 540°00′50″$ <br> $-)\sum \beta_{th} = 540°00′00″$ <br> $f_\beta = +50″$ <br> $f_{\beta p} = \pm 60″\sqrt{5} = \pm 134″$ | | | $W_x = \sum \Delta x_m = -0.30\text{m}$ <br> $W_y = \sum \Delta y_m = -0.09\text{m}$ <br> $W_D = \sqrt{W_x^2 + W_y^2} = 0.31\text{m}$ <br> $W_K = \dfrac{0.31}{1137.80} \approx \dfrac{1}{3600} < W_{Kp} = \dfrac{1}{2000}$ <br> $\lvert f_\beta \rvert < \lvert f_{\beta p} \rvert$ | | | | | | | | | |

（三）附合导线坐标计算

附合导线的坐标计算与闭合导线的坐标计算基本相同,仅在角度闭合差的计算与坐标增量闭合差的计算方面稍有差别。

### 1. 角度闭合差的计算与调整

（1）计算角度闭合差

如图 6-9 所示,根据起始边 $AB$ 的坐标方位角 $\alpha_{AB}$ 及观测的各右角,按式(6-19)推算 $CD$ 边的坐标方位角 $\alpha'_{CD}$。

$$\alpha_{B1} = \alpha_{AB} + 180° - \beta_B$$
$$\alpha_{12} = \alpha_{B1} + 180° - \beta_1$$
$$\alpha_{23} = \alpha_{12} + 180° - \beta_2$$
$$\alpha_{34} = \alpha_{23} + 180° - \beta_3$$
$$+)\ \alpha'_{CD} = \alpha_{34} + 180° - \beta_C$$
$$\alpha'_{CD} = \alpha_{AB} + 5 \times 180° - \sum \beta_m$$

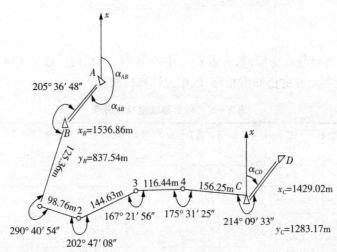

图 6-9　附合导线

写成一般公式为:

$$\alpha'_{fin} = \alpha_0 + n \times 180° - \sum \beta_R \tag{6-18}$$

若观测左角,则按下式计算:

$$\alpha'_{fin} = \alpha_0 + n \times 180° + \sum \beta_L \tag{6-19}$$

附合导线的角度闭合差 $f_\beta$ 为:

$$f_\beta = \alpha'_{fin} - \alpha_{fin} \tag{6-20}$$

（2）调整角度闭合差

当角度闭合差在容许范围内,如果观测的是左角,则将角度闭合差反号平均分配到各左角上;如果观测的是右角,则将角度闭合差同号平均分配到各右角上。

建筑工程测量

**2. 坐标增量闭合差的计算**

附合导线的坐标增量代数和的理论值应等于终、始两点的已知坐标值之差,即

$$\begin{cases} \sum \Delta x_{th} = x_{fin} - x_0 \\ \sum \Delta y_{th} = y_{fin} - y_0 \end{cases} \tag{6-21}$$

纵、横坐标增量闭合差为:

$$\begin{cases} W_x = \sum \Delta x - \sum \Delta x_{th} = \sum \Delta x - (x_{fin} - x_0) \\ W_y = \sum \Delta y - \sum \Delta y_{th} = \sum \Delta y - (y_{fin} - y_0) \end{cases} \tag{6-22}$$

图 6-9 所示附合导线坐标计算,见表 6-7。

表 6-7　附合导线坐标计算表

| 点号 | 观测角（右角） | 改正数 | 改正角 | 坐标方位角 $\alpha$ | 距离 D /m | 增量计算值 | | 改正后增量 | | 坐标值 | | 点号 |
|---|---|---|---|---|---|---|---|---|---|---|---|---|
| | | | | | | $\Delta x$/m | $\Delta y$/m | $\Delta x$/m | $\Delta y$/m | $x$/m | $y$/m | |
| 1 | 2 | 3 | 4 = 2 + 3 | 5 | 6 | 7 | 8 | 9 | 10 | 11 | 12 | 13 |
| A | | | | 236°44′28″ | | | | | | | | A |
| B | 205°36′48″ | −13″ | 205°36′35″ | 211°07′53″ | 125.36 | +4 −107.31 | −2 −64.81 | −107.27 | −64.83 | 1536.86 | 837.54 | B |
| 1 | 290°40′54″ | −12″ | 290°40′42″ | 100°27′11″ | 98.76 | +3 −17.92 | −2 +97.12 | −17.89 | +97.10 | 1429.59 | 772.71 | 1 |
| 2 | 202°47′08″ | −13″ | 202°46′55″ | 77°40′16″ | 114.63 | +4 +30.88 | −2 +141.29 | +30.92 | +141.27 | 1411.70 | 869.81 | 2 |
| 3 | 167°21′56″ | −13″ | 167°21′43″ | 90°18′33″ | 116.44 | +3 −0.63 | −2 +116.44 | −0.60 | +116.42 | 1442.62 | 1011.08 | 3 |
| 4 | 175°31′25″ | −13″ | 175°31′12″ | 94°47′21″ | 156.25 | +5 −13.05 | −3 +155.70 | −13.00 | +155.67 | 1442.02 | 1127.50 | 4 |
| C | 214°09′33″ | −13″ | 214°09′20″ | 60°38′01″ | | | | | | 1429.02 | 1283.17 | C |
| D | | | | 60°38′01″ | | | | | | | | D |
| $\sum$ | 1256°07′44″ | −77″ | 1256°06′25″ | | 641.44 | −108.03 | +445.74 | −107.84 | +445.63 | | | |

辅助计算:

$\alpha'_{CD} = \alpha_{AB} + 6 \times 180° - \sum \beta_R = 60°36′44″$

$-) x_C - x_B = -107.84$

$-) y_C - y_B = +445.63$

$|f_\beta| < |f_{\beta p}|$　$f_D = \sqrt{W_x^2 + W_y^2} = 0.22\text{m}$

$\sum \Delta x_m = -108.03$

$\sum \Delta y_m = +445.74$

$f_\beta = \alpha'_{CD} - \alpha_{CD} = +1′17″$

$f_{\beta p} = \pm 60″\sqrt{6} = \pm 147″$

$W_x = -0.19\text{m}$　　$W_y = +0.11\text{m}$

$W_K = \dfrac{0.22}{641.44} = \dfrac{1}{2900} < W_{Kp} = \dfrac{1}{2000}$

## (四)支导线的坐标计算

支导线中没有检核条件,因此没有闭合差产生,导线转折角和计算的坐标增量均不需要进行改正。支导线的计算步骤为:

1. 根据观测的转折角推算各边的坐标方位角。

2. 根据各边坐标方位角和边长计算坐标增量。

3. 根据各边的坐标增量推算各点的坐标。

# 项目三    高程控制测量

## 一、三、四等水准测量

小地区高程控制测量常用的方法有水准测量及三角高程测量。

三、四等水准测量,除用于国家高程控制网的加密外,还常用作小地区的首级高程控制,以及工程建设地区内工程测量和变形观测的基本控制。三、四等水准网应从附近的国家高一级水准点引测高程。

工程建设地区的三、四等水准点的间距可根据实际需要决定,一般为 $1 \sim 2km$ 左右,应埋设普通水准标石或临时水准点标志,亦可利用埋石的平面控制点作为水准点。在厂区内则注意不要选在有地下沟槽和管线的附近或上方,距离厂房或高大建筑物不小于 25m,距振动影响区 5m 以外,距回填土边不少于 5m。

### (一)三、四等水准测量的要求和施测

1. 三、四等水准测量使用的水准尺,通常是双面水准尺。两根标尺黑面的尺底均为 0,红面的尺底一根为 4.687m,另一根为 4.787m。

2. 视线长度和读数误差的限差见表 6-8;高差闭合差的规定见表 6-4。

表 6-8    三、四等水准测量限差

| 等级 | 标准视线长度<br>（m） | 前后视距差<br>（m） | 前后视距累计差<br>（m） | 红黑面读数差<br>（mm） | 红黑面高差之差<br>（mm） |
|---|---|---|---|---|---|
| 三 | 75 | 3.0 | 5.0 | 2.0 | 3.0 |
| 四 | 100 | 5.0 | 10.0 | 3.0 | 5.0 |

### (二)三、四等水准测量的观测与计算

方法如下:

表 6-9    三(四)等水准测量观测手簿

测段:$A \sim B$　　　　　　　　日期:1993 年 5 月 10 日　　　　　　　仪器:上光 60252

开始:7 时 05 分　　　　　　　天气:晴、微风　　　　　　　　　　　观测者:李　明

结束:8 时 07 分　　　　　　　成像:清晰稳定　　　　　　　　　　　记录者:肖　钢

| 测站编号 | 点号 | 后尺 上丝<br>下丝 | 前尺 上丝<br>下丝 | 方向及尺号 | 中丝水准尺读数 | | K＋黑－红 | 平均高差 | 备注 |
|---|---|---|---|---|---|---|---|---|---|
| | | | | | 黑色面 | 红色面 | | | |
| | | (1)<br>(2)<br>(9)<br>(11) | (4)<br>(5)<br>(10)<br>(12) | 后<br>前<br>后－前 | (3)<br>(6)<br>(15) | (8)<br>(7)<br>(16) | (14)<br>(13)<br>(17) | (18) | |

| 测站编号 | 点号 | 后尺 | 上丝<br>下丝 | 前尺 | 上丝<br>下丝 | 方向及<br>尺号 | 中丝水准尺读数 黑色面 | 中丝水准尺读数 红色面 | $K+$黑$-$红 | 平均高差 | 备注 |
|---|---|---|---|---|---|---|---|---|---|---|---|
| 1 | $A \sim$ 转 1 | 1.587<br>1.213<br>37.4<br>$-0.2$ | | 0.755<br>0.379<br>37.6<br>$-0.2$ | | 后<br>前<br>后 — 前 | 1.400<br>0.567<br>$+0.833$ | 6.187<br>5.255<br>$+0.932$ | 0<br>$-1$<br>$+1$ | $+0.8325$ | |
| 2 | 转 1 $\sim$<br>转 2 | 2.111<br>1.737<br>37.4<br>$-0.1$ | | 2.186<br>1.811<br>37.5<br>$-0.3$ | | 后 02<br>前 02<br>后 — 前 | 1.924<br>1.998<br>$-0.074$ | 6.611<br>6.786<br>$-0.175$ | 0<br>$-1$<br>$+1$ | $-0.0745$ | |
| 3 | 转 2 $\sim$<br>转 3 | 1.916<br>1.541<br>37.5<br>$-0.2$ | | 2.057<br>1.680<br>37.7<br>$-0.5$ | | 后 01<br>前 02<br>后 — 前 | 1.728<br>1.868<br>$-0.140$ | 6.515<br>6.556<br>$-0.041$ | 0<br>$-1$<br>$+1$ | $-0.1405$ | |
| 4 | 转 3 $\sim$<br>转 4 | 1.945<br>1.680<br>26.5<br>$-0.2$ | | 2.121<br>1.854<br>26.7<br>$-0.7$ | | 后 02<br>前 01<br>后 — 前 | 1.812<br>1.987<br>$-0.175$ | 6.499<br>6.773<br>$-0.274$ | 0<br>$+1$<br>$-1$ | $-0.1745$ | |
| 5 | 转 4 $\sim B$ | 0.675<br>0.237<br>43.8<br>$+0.2$ | | 2.902<br>2.466<br>43.6<br>$-0.5$ | | 后 01<br>前 02<br>后 — 前 | 0.466<br>2.684<br>$-2.218$ | 5.254<br>7.371<br>$-2.117$ | $-1$<br>0<br>$-1$ | $-2.2175$ | |

（1）一个测站上的观测顺序（参见表6-9）

照准后视尺黑面，读取下、上、中丝读数（1）、（2）、（3）；

照准前视尺黑面，读取下、上丝读数（4）、（5）及中丝读数（6）；

照准前视尺红面，读取中丝读数（7）；

照准后视尺红面，读取中丝读数（8）。

这种"后 — 前 — 前 — 后"的观测顺序，主要是为抵消水准仪与水准尺下沉产生的误差。四等水准测量每站的观测顺序也可以为"后 — 后 — 前 — 前"，即"黑 — 红 — 黑 — 红"。

表中各次中丝读数（3）、（6）、（7）、（8）是用来计算高差的。因此，在每次读取中丝读数前，都要注意使符合气泡的两个半像严密重合。

（2）测站的计算、检核与限差

1）视距计算

后视距离：（9）＝（1）－（2）。

前视距离：（10）＝（4）－（5）。

前、后视距差：（11）＝（9）－（10）。三等水准测量，不得超过±3m，四等水准测量，不得超过±5m。

前、后视距累积差:本站(12)＝前站(12)＋本站(11)。三等水准测量不得超过±5m,四等水准测量不得超过±10m。

2)同一水准尺黑、红面读数差

前尺:(13)＝(6)＋$K_1$－(7)。

后尺:(14)＝(3)＋$K_2$－(18)。

三等水准测量不得超过±2mm,四等水准测量不得超过±3mm。$K_1$、$K_2$分别为前、后尺的红、黑面常数差。

3)高差计算

黑面高差:(15)＝(3)－(6)

红面高差:(16)＝(8)－(7)

检核计算:(17)＝(14)－(13)＝(15)－(16)±0.100。三等水准测量不得超过3mm,四等水准测量不得超过5mm。

高差中数:(18)＝$\frac{1}{2}${(15)＋[(16)±0.100]}。

上述各项记录、计算见表6-14。观测时,若发现本测站某项限差超限,应立即重测,只有各项限差均检查无误后,才可以迁站。

(3)每页计算的总检核

校核计算

在每测站检核的基础上,应进行每页计算的检核。

$$\sum(15)=\sum(3)-\sum(6)$$

$$\sum(16)=\sum(8)-\sum(7)$$

$$\sum(9)-\sum(10)=本页末站(12)-前页末站(12)$$

测站数为偶数时:

$$\sum(18)=\frac{1}{2}\left[\sum(15)+\sum(16)\right]$$

测站数为奇数时:

$$\sum(18)=\frac{1}{2}\left[\sum(15)+\sum(16)\pm0.100\right]$$

(4)水准路线测量成果的计算、检核

三、四等附合或闭合水准路线高差闭合差的计算、调整方法与普通水准测量相同(参见模块二)。

当测区范围较大时,要布设多条水准路线。为了使各水准点高程精度均匀,必须把各线段连在一起,构成统一的水准网,采用最小二乘法原理进行平差,从而求解出各水准点的高程。

## 二、三角高程测量

当地形高低起伏较大而不便于实施水准测量时,可采用三角高程测量的方法测定两点间的高差,从而推算各点的高程。

### (一)三角高程测量原理

三角高程测量是根据两点间的水平距离和竖直角,计算两点间的高差。如图 6-10,已知 $A$ 点的高程 $H_A$,欲测定 $B$ 的高程 $H_B$,可在 $A$ 点上安置经纬仪,量取仪器高 $i$(即仪器水平轴至测点的高度),并在 $B$ 点设置观测标志(称为觇标)。用望远镜中丝瞄准觇标的顶部 $M$ 点,测出竖直角 $\alpha$,量取觇标高 $v$(即觇标顶部 $M$ 至目标点的高度),再根据 $A$、$B$ 两点间的水平距离 $D_{AB}$,则 $A$、$B$ 两点间的高差 $h_{AB}$ 为:

$$h_{AB} = D_{AB}\tan\alpha + i - v \qquad\qquad (6-23)$$

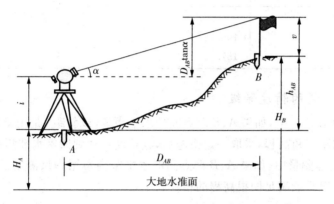

图 6-10　三角高程测量原理

$B$ 点的高程 $H_B$ 为:

$$H_B = H_A + h_{AB} = H_A + D_{AB}\tan\alpha + i - v \qquad\qquad (6-24)$$

### (二)三角高程测量的对向观测

为了消除或减弱地球曲率和大气折光的影响,三角高程测量一般应进行对向观测,亦称直、反觇观测。三角高程测量对向观测,所求得的高差较差不应大于 $0.4D$(m),其中 $D$ 为水平距离,以 km 为单位。若符合要求,取两次高差的平均值作为最终高差。

### (三)三角高程测量的施测

1. 将安置经纬仪在测站 $A$ 上,用钢尺量仪器高 $i$ 和觇标高 $v$,分别量两次,精确至 0.5cm,两次的结果之差不大于 1cm,取其平均值记入表 6-10 中。

2. 用十字丝的中丝瞄准 $B$ 点觇标顶端,盘左、盘右观测,读取竖直度盘读数 $L$ 和 $R$,计算出竖直角 $\alpha$ 记入表 6-10 中。

3. 将经纬仪搬至 $B$ 点,同法对 $A$ 点进行观测。

### (四)三角高程测量的计算

外业观测结束后,按式(6-23)和式(6-24)计算高差和所求点高程,计算实例见表 6-10。

表 6 - 10    三角高程测量计算

| 所求点 | B | |
|---|---|---|
| 起算点 | A | |
| 觇法<br>平距 $D/m$<br>垂直角 $\alpha$<br>$D\tan\alpha/m$<br>仪器高 $i/m$<br>觇标高 $v/m$<br>高差 $h/m$ | 直<br>286.36<br>$+10°32'26''$<br>$+53.28$<br>$+1.52$<br>$-2.76$<br>$+52.04$ | 反<br>286.36<br>$-9°58'41''$<br>$-50.38$<br>$+1.48$<br>$-3.20$<br>$-52.10$ |
| 对向观测的高差较差 /m | $-0.06$ | |
| 高差较差容许值 /m | 0.11 | |
| 平均高差 /m<br>起算点高程 /m<br>所求点高程 /m | $+50.07$<br>105.72<br>157.79 | |

## （五）三角高程测量的精度等级

（1）在三角高程测量中，如果 $A$、$B$ 两点间的水平距离（或斜距）是用测距仪或全站仪测定的，称为光电测距三角高程，采取一定措施后，其精度可达到四等水准测量的精度要求。

（2）在三角高程测量中，如果 $A$、$B$ 两点间的水平距离是用钢尺测定的，称为经纬仪三角高程，其精度一般只能满足图根高程的精度要求。

## （六）三角高程控制测量

当用三角高程测量方法测定平面控制点的高程时，应组成闭合或附合的三角高程路线。每条边均要进行对向观测。用对向观测所得高差平均值，计算闭合或附合路线的高差闭合差的容许值为：

$$f_{h容} = \pm 0.05\sqrt{[D^2]}\,(m) \qquad\qquad (6-25)$$

式中：$D$—— 各边的水平距离，km。

当 $f_h$ 不超过 $f_{h容}$ 时，按与边长成正比原则，将 $f_h$ 反符号分配到个高差之中，然后用改正后的高差，从起算点推算各点高程。

# 项目四    GPS 控制测量简介

GPS 是全球定位系统，是随着现代科学技术的迅速发展而建立起来的新一代精密卫星导航定位系统 GPS 定位技术。由于 GPS 在具有定位精度高、观测时间短、观测站间无须通视、能提供全球统一的地心坐标等特点，被广泛应用于大地控制测量中。本项目主要讲述 GPS 定位系统的组成、GPS 定位原理、GPS 控制网的技术设计和外业观测，GPS 数据处理等内容。本项目内容是 GPS 测绘新技术在控制测量中的应用，要掌握 GPS 定位原理，重点掌握运用GPS建立测量控制网的原理、方法和技术。突出GPS控制网的技术设计、观测方案设计、外业数据采集、GPS数据处理等技能点的学习。

全球定位系统(Global Positioning System,GPS)是美国从20世纪70年代开始研制,历时20年,于1994年全面建成。它是一种定时和测距的空间交会定点的导航系统,可以向全球用户提供连续、实时、高精度的三维位置、三维速度和时间信息,为海、陆、空三军提供精密导航,向特殊用户进行授时,还可以用于情报收集、核爆监测、应急通讯和卫星定位等一些军事目的。

# 一、系统组成

GPS系统包括三大部分:地面控制部分、空间部分、用户部分。

图6-11显示了GPS定位系统的三个组成部分及其相互关系。

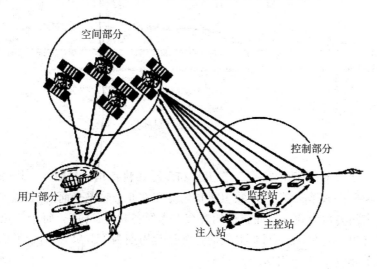

图6-11　GPS系统组成

## (一)地面控制部分

GPS的地面控制部分由分布在全球的由若干个跟踪站组成的监控系统所构成(图6-12)。根据其作用的不同,跟踪站分为主控站、监控站和注入站。主控站有一个,位于美国科罗拉多(Colorado)的法尔孔(Falcon)空军基地。它的作用是根据各监控站对GPS的观测数据,计算出卫星的星历和卫星时钟的改正参数等,并将这些数据通过注入站注入卫星中去;同时,它还对卫星进行控制,向卫星发布指令;当工作卫星出现故障时,调度备用卫星,替代失效的工作卫星工作;另外,主控站还具有监控站的功能。监控站有5个,除了主控站外,其他4个分别位于夏威夷(Hawaii)、阿松森群岛(Ascencion)、迭哥伽西亚(Diego Garcia)和卡瓦加兰(Kwajalein)。监控站的作用是接收卫星信号,监测卫星的工作状态。注入站有3个,它们分别位于阿松森群岛(Ascencion)、迭哥伽西亚(Diego Garcia)和卡瓦加兰(Kwajalein)。注入站的作用是将主控站计算的卫星星历和卫星时钟的改正参数等注入卫星中去。

地面监控系统提供每颗GPS卫星所播发的星历。并对每颗卫星工作情况进行监测和控制。地面监控系统另一重要作用是保持各颗卫星处于同一时间标准——GPS时间系统(GPST)。

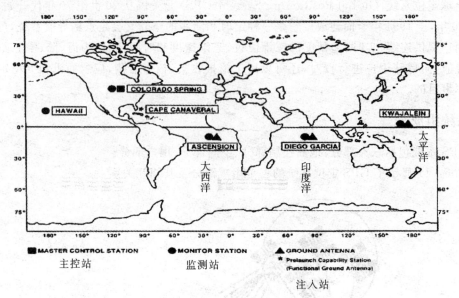

图6-12　地面控制部分

## (二) 空间部分

GPS工作卫星及其星座由21颗工作卫星和3颗在轨备用卫星组成GPS卫星星座,记作(21+3)GPS星座(图6-13)。24颗卫星均匀分布在6个轨道平面内,轨道倾角为55度,各个轨道平面之间夹角为60度,即轨道的升交点赤经各相差60度。每个轨道平面内各颗卫星之间的升交角相差90度。每颗卫星的正常运行周期为11h 58min,若考虑地球自转等因素,将提前4min进入下一周期。

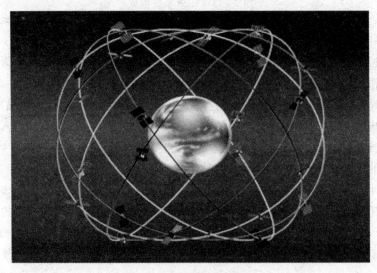

图6-13　GPS卫星分布

建筑工程测量

GPS 卫星信号：

(1) 载波：L 波段双频 L11575.42MHz,L21227.60MHz；

(2) 卫星识别：码分多址(CDMA)；

(3) 测距码：C/A 码(民用)，P 码(美国军方及特殊授权用户)；

(4) 导航数据：卫星轨道坐标、卫星钟差方程式参数、电离层延迟修正。

## (三) 用户部分

用户部分主要指 GPS 接收机，此外还包括气象仪器、计算机、钢尺等仪器设备组成。

GPS 接收机主要由天线单元，信号处理部分，记录装置和电源组成。

1. 天线单元。由天线和前置放大器组成，灵敏度高，抗干扰性强。接收天线把卫星发射的十分微弱的信号通过放大器放大后进入接收机。GPS 天线分为单极天线、微带天线、锥型天线等。

2. 信号处理部分。是 GPS 接收机的核心部分，进行滤波和信号处理，由跟踪环路重建载波，解码得到导航电文，获得伪距定位结果。

3. 记录装置。主要有接收机的内存硬盘或记录卡(CF 卡)。

4. 电源。分为外接和内接电池(12V)，机内还有一锂电池。

GPS 接收机的基本类型主要分为大地型、导航型和授时型三种(图 6-14)。其中，大地型接收机按接收载波信号的差异分为单频(L1)型和双频(L1,L2)型。

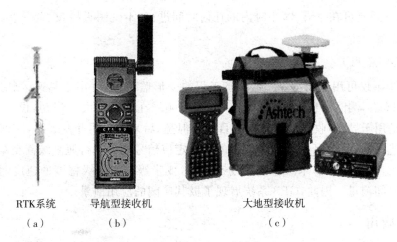

RTK系统　　　导航型接收机　　　　　　　大地型接收机

(a)　　　　　　(b)　　　　　　　　　(c)

图 6-14　不同类型的接收机

## 二、GPS 系统的特点

GPS 系统的特点：高精度、全天候、高效率、多功能、操作简便、应用广泛等。

## (一) 定位精度高

应用实践已经证明，GPS 相对定位精度在 50km 以内可达 $10^{-6}$，$100 \sim 500$km 可达 $10^{-7}$，1000km 可达 $10^{-9}$。在 $300 \sim 1500$m 工程精密定位中，1 小时以上观测的解其平面其平面位置误差小于 1mm，与 ME—5000 电磁波测距仪测定得边长比较，其边长较差最大为 0.5mm，校差中误差为 0.3mm。

## （二）观测时间短

随着 GPS 系统的不断完善,软件的不断更新,目前,20km 以内快速静态相对定位,仅需 $15\sim20$min;RTK 测量时,当每个流动站与参考站相距在 15km 以内时,流动站观测时间只需 $1\sim2$min。

## （三）测站间无须通视

GPS 测量不要求测站之间互相通视,只需测站上空开阔即可,因此可节省大量的造标费用。由于无须点间通视,点位位置可根据需要,可稀可密,使选点工作甚为灵活,也可省去经典大地网中的传算点、过渡点的测量工作。

## （四）可提供三维坐标

经典大地测量将平面与高程采用不同方法分别施测。GPS 可同时精确测定测站点的三维坐标（平面＋大地高）。目前通过局部大地水准面精化,GPS 水准可满足四等水准测量的精度。

## （五）操作简便

随着 GPS 接收机不断改进,自动化程度越来越高,有的已达"傻瓜化"的程度,接收机的体积越来越小,重量越来越轻,极大地减轻测量工作者的工作紧张程度和劳动强度。

## （六）全天候作业

目前 GPS 观测可在一天 24 小时内的任何时间进行,不受阴天黑夜、起雾刮风、下雨下雪等气候的影响。

## （七）功能多、应用广

GPS 系统不仅可用于测量、导航,精密工程的变形监测,还可用于测速、测时。测速的精度可达 0.1m/s,测时的精度优于 0.2ns,其应用领域在不断扩大。当初,设计 GPS 系统的主要目的是用于导航,收集情报等军事目的。但是,后来的应用开发表明,GPS 系统不仅能够达到上述目的,而且用 GPS 卫星发来的导航定位信号能够进行厘米级甚至毫米级精度的静态相对定位,米级至亚米级精度的动态定位,亚米级至厘米级精度的速度测量和毫微秒级精度的时间测量。因此,GPS 系统展现了极其广阔的应用前景。

# 三、GPS 的应用

## （一）GPS 应用于导航

主要是为船舶,汽车,飞机等运动物体进行定位导航。例如:船舶远洋导航和进港引水,飞机航路引导和进场降落,汽车自主导航,地面车辆跟踪和城市智能交通管理,紧急救生,个人旅游及野外探险,个人通讯终端（与手机、PDA、电子地图等集成一体）。

## （二）GPS 应用于授时校频

每个 GPS 卫星上都装有铯原子钟作星载钟;GPS 全部卫星与地面测控站构成一个闭环的自动修正系统（图 6-15）;采用协调世界时 UTC(USNO/MC) 为参考基准。为了得到精密的 GPS 时间,一般使它的准确度达到 ＜100ns[相对于 UTC(USNO/MC)],对特殊用途可以提供授时服务。

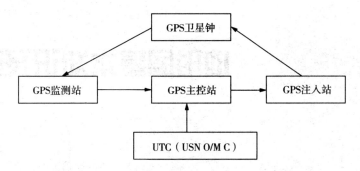

图 6 - 15　GPS 时间系统建立的示意图

当前精密的 GPS 时间同步技术可以实用 $10^{-10} \sim 10^{-11}$ s 的同步精度。这一精度可以用于国际上各重要时间和相关物理实验室的原子钟之间的时间传递。利用它可以在地球上不同区域相当远的距离（数千公里）的实验室上利用各种精密仪器设备对太空的天体、运动目标,如脉冲星、行星际飞行探测器等进行同步观测,以确定它们的太空位置、物理现象和状态的某些变化。

(三)GPS 应用于高精度测量

各种等级的大地测量,控制测量;道路和各种线路放样;水下地形测量;地壳形变测量,大坝和大型建筑物变形监测;GIS 数据动态更新;工程机械(轮胎吊、推土机等)控制;精细农业。

实践证明,GPS 系统是一个高精度、全天候和全球性的无线电导航、定位和定时的多功能系统。GPS 技术已经发展成为多领域、多模式、多用途、多机型的高新技术国际性产业。目前已遍及国民经济各种部门,并开始逐步深入人们的日常生活。

# 模块七　地形图基本知识及其测绘

**模块概述**

　　本模块的重点在于比例尺的基本知识、地形图的测绘方法、地形图的拼接、检查和整饰等。难点是等高线特性、等高线勾绘、特征点的选择等。

**知识目标**

　　◆ 了解何为比例尺精度，能看懂一些基本的地物符号，会读等高线图。
　　◆ 了解地形图的测绘方法以及如何进行地形图的拼接、检查和整饰。

**技能目标**

　　◆ 掌握地形图中一些基本的地物符号的识读方法，能看懂地形图。

**素质目标**

　　◆ 培养学生积极思考的能力。
　　◆ 培养学生相互协作的团队精神。

**课时建议**

　　8 学时

# 项目一　地形图的基本知识

　　地面上有明显轮廓的，天然形成或人工建造的各种固定物体，如江河、湖泊、道路、桥梁、房屋和农田等称为地物。地球表面的高低起伏状态，如高山、丘陵、平原、洼地等称为地貌。地物和地貌总称为地形。

　　通过实地测量，将地面上各种地物和地貌沿垂直方向投影到水平面上，并按一定的比例尺，用《地形图图式》统一规定的符号和注记，将其缩绘在图纸上，这种表示地物的平面位置和地貌起伏情况的图，称为地形图。

## 一、比例尺

### （一）定义

　　地形图上任一线段的长度与它所代表的实地水平距离之比，称为地形图比例尺。一般

用分子为 1,分母为整数的分数表示。设图上一线段长度为 $d$,相应实地的水平距离为 $D$,则地形图的比例尺为:

$$\frac{d}{D} = \frac{1}{D/d} = \frac{1}{M} \qquad (7-1)$$

式中,$M$—— 比例尺分母。

比例尺的大小是以比例尺的分数值(比例尺分母 $M$)来衡量的。分数值越大或比例尺分母 $M$ 越小,则比例尺越大,表示地物地貌越详尽。数字比例尺通常标注在地形图下方。

## (二)分类

(1)小比例尺地形图　　1:20 万、1:50 万、1:100 万;

(2)中比例尺地形图　　1:2.5 万、1:5 万、1:10 万;

(3)大比例尺地形图　　1:500、1:1000、1:2000、1:5000、1:10000。

工程建筑类各专业通常使用大比例尺地形图。因此,本章重点介绍大比例尺地形图的基本知识。

## (三)比例尺精度

通常人眼能分辨的图上最小距离为 0.1mm。因此,地形图上 0.1mm 的长度所代表的实地水平距离,称为比例尺精度,用 $\varepsilon$ 表示,即

$$\varepsilon = 0.1M \qquad (7-2)$$

几种常用地形图的比例尺精度如表 7-1 所示。

表 7-1　　几种常用地形图的比例尺精度

| 比例尺 | 1:5000 | 1:2000 | 1:1000 | 1:500 |
|---|---|---|---|---|
| 比例尺精度(m) | 0.5 | 0.2 | 0.1 | 0.05 |

根据比例尺的精度,可确定测绘地形图时测量距离的精度,比例尺愈大,采集的数据信息愈详细,精度要求就愈高,测图工作量和投资往往成倍增加,因此使用何种比例尺测图,应从实际需要出发,不应盲目追求更大比例尺的地形图。例如,1:1000 地形图的比例尺精度为 0.1m,测图时量距的精度只需 0.1m,小于 0.1m 的距离在图上表示不出来;另外,如果规定了地物图上要表示的最短长度,根据比例尺的精度,可确定测图的比例尺。

# 二、图名、图号、图廓及接合图表

## (一)地形图的图名

每幅地形图都应标注图名,通常以图幅内最著名的地名、厂矿企业或村庄的名称作为图名。图名一般标注在地形图北图廓外上方中央。

## (二)图号

为了区别各幅地形图所在的位置,每幅地形图上都编有图号。图号就是该图幅相应分幅方法的编号,标注在北图廓上方的中央、图名的下方。

### 1. 分幅方法

大比例尺地形图常采用正方形分幅法,如图7-1所示,是以1:5000地形图为基础进行的正方形分幅。各种大比例尺地形图图幅大小如表7-2所示。

### 2. 编号方法

1:5000的地形图,图号一般采用该图幅西南角坐标的公里数为编号,$x$坐标在前,$y$坐标在后,中间有短线连接。如图6-1所示,其西面角坐标为$x = 15.0$km,$y = 10.0$km,因此,编号为"15.0 - 10.0"。

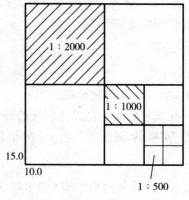

图7-1 大比例尺图分幅

1:500地形图坐标取至0.01km,1:1000、1:2000地形图坐标取至0.1km。

表7-2 几种大比例尺地形图的图幅

| 比例尺 | 图幅大小/cm | 实地面积/km² | 1:5000图幅内的分幅数 | 每平方公里图幅数 |
|---|---|---|---|---|
| 1:5000 | 40×40 | 4 | 1 | 0.25 |
| 1:2000 | 50×50 | 1 | 4 | 1 |
| 1:1000 | 50×50 | 0.25 | 16 | 4 |
| 1:500 | 50×50 | 0.0625 | 64 | 16 |

## (三)图廓和接合图表

### 1. 图 廓

图廓是地形图的边界线,分为内、外图廓线。内图廓就是坐标格网线,也是图幅的边界线,用0.1mm细线绘出。在内图廓线内侧,每隔10cm,绘出5mm的短线,表示坐标格网线的位置。外图廓线为图幅的最外围边线,用0.5mm粗线绘出。内、外图廓线相距12mm,在内外图廓线之间注记坐标格网线坐标值。

### 2. 接合图表

为了说明本幅图与相邻图幅之间的关系,便于索取相邻图幅,在图幅左上角列出相邻图幅图名,斜线部分表示本图位置,如图7-2。

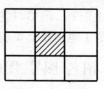

图7-2 接合图

## 三、地物符号

地形图上表示地物类别、形状、大小及位置的符号称为地物符号。根据地物形状大小和描绘方法的不同,地物符号可分为以下几种:

## (一)比例符号

地物的形状和大小均按测图比例尺缩小,并用规定的符号绘在图纸上,这种地物符号称为比例符号。如房屋、湖泊、农田、森林等。

## （二）非比例符号

轮廓较小的地物,或无法将其形状和大小按比例缩绘到图上的地物,如三角点、水准点、独立树、里程碑、水井和钻孔等,则采用相应的规定符号表示,这种符号称为非比例符号,它只表示地物的中心位置,不表示地物的形状和大小。

## （三）半比例符号

对于一些带状延伸地物,如河流、道路、通讯线、管道、围墙等,其长度可按测图比例尺缩绘,而宽度无法按比例表示的符号称为半比例符号,这种符号一般表示地物的中心位置。

## （四）地物注记

对地物加以说明的文字、数字或特定符号,称为地物注记。如地区、城镇、河流、道路名称,桥梁的尺寸及载重量,江河的流向、道路去向以及森林、田地类别等的说明。

# 四、地貌符号

等高线是地面上高程相等的相邻各点连接而成的闭合曲线。一簇等高线,在图上不仅能表达地面起伏变化的形态,而且还具有一定立体感。如图7-3所示。等高线也可理解为平静的水面与地面的交线在水平面上的垂直投影线。例如:设想湖中有座小岛,最初的水面高程为75m,则水面与小岛的交线为75m的等高线;如果湖水水位以5m的高度上升至岛顶100m的位置为止,则可得到80m、85m、90m、95m、100m的等高线。然后,将这些等高线沿垂直方向投影到水平面上,并按规定的比例尺缩小绘在图纸上,就得到与实地形态相似的等高线,并用数字注记每条等高线的高程。相邻等高线之间的高差$h$,称为等高距或等高线间隔,在同一幅地形图上,等高距是相同的,相邻等高线间的水平距离$d$,称为等高线平距。坡度$i$与$h$、$d$之间的关系为:$i=\dfrac{h}{d}$,由此可知,等高线平距与坡度成反比,即$d$愈大,表示地面坡度愈缓,反之愈陡。

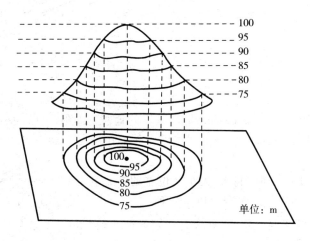

图7-3  等高线

## (一)等高线表示典型地貌

地貌形态繁多,但主要由一些典型地貌的不同组合而成。要用等高线表示地貌,关键在于掌握等高线表达典型地貌的特征。典型地貌有:

### 1. 山头和洼地(盆地)

如图7-4表示山头和洼地的等高线。其特征等高线表现为一组闭合曲线。

在地形图上区分山头或洼地可采用高程注记或示坡线的方法。高程注记可在最高点或最低点上注记高程,或通过等高线的高程注记字头朝向确定山头(或高处);示坡线是从等高线起向下坡方向垂直于等高线的短线,示坡线从内圈指向外圈,说明中间高,四周低。由内向外为下坡,故为山头或山丘;示坡线从外圈指向内圈,说明中间低,四周高,由外向内为下坡,故为洼地或盆地。

### 2. 山脊和山谷

山脊是沿着一定方向延伸的高地,其最高棱线称为山脊线,又称分水线,如图7-5中S所示山脊的等高线是一组向低处凸出为特征的曲线。山谷是沿着一方向延伸的两个山脊之间的凹地,贯穿山谷最低点的连线称为山谷线,又称集水线,如图7-5中T所示,山谷的等高线是一组向高处凸出为特征的曲线。

山脊线和山谷线是显示地貌基本轮廓的线,统称为地性线,在测图和用图中都有重要作用。

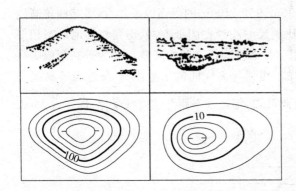

图7-4　山头和洼地

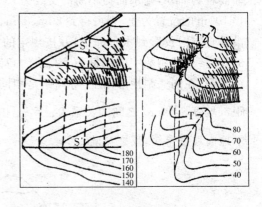

图7-5　山脊和山谷

### 3. 鞍部

鞍部是相邻两山头之间低凹部位呈马鞍形的地貌,如图7-6。鞍部(K点处)俗称垭口,是两个山脊与两个山谷的会合处,等高线由一对山脊和一对山谷的等高线组成。

### 4. 陡崖和悬崖

陡崖是坡度在70°以上的陡峭崖壁,有石质和土质之分,悬崖是上部突出中间凹进的地貌,如图7-7所示。

熟悉了典型地貌等高线特征,就容易识别各种地貌,图7-8是某地区综合地貌示意图及其对应的等高线图。

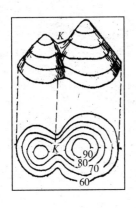

图 7-6 鞍部

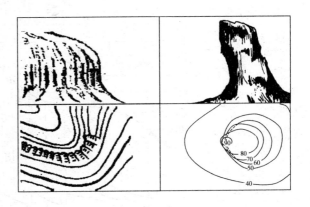

图 7-7 陡崖和悬崖

(a)                                        (b)

图 7-8 地貌与等高线

## (二) 等高线的特性

根据等高线的原理和典型地貌的等高线,可得出等高线的特性:

(1) 同一条等高线上的点,其高程必相等。

(2) 等高线均是闭合曲线,如不在本图幅内闭合,则必在图外闭合,故等高线必须延伸到图幅边缘。

(3) 除在悬崖或绝壁处外,等高线在图上不能相交或重合。

(4) 等高线的平距小,表示坡度陡,平距大则坡度缓,平距相等则坡度相等,平距与坡度成反比。

(5) 等高线和山脊线、山谷线成正交。如图 7-5 所示。

(6) 等高线不能在图内中断,但遇道路、房屋、河流等地物符号和注记处可以局部中断。

## (三) 等高线的分类

为了减少图上注记过多和读图方便,在测图和制图时常将等高线进行分类,如图 7-9 所示。

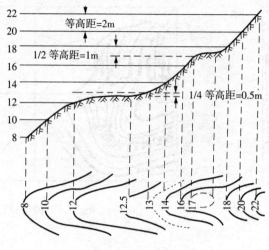

图 7-9　各种等高线

#### 1. 基本等高线(首曲线)

同一张地形图上按基本等高距描绘的等高线称基本等高线。是等高距的整倍数,用细实线描绘。

#### 2. 加粗等高线(计曲线)

为了读图方便起见,逢五倍基本等高距的等高线用粗实线描绘并注记高程,称为加粗等高线。

#### 3. 半距等高线(间曲线)

在基本等高线不能反映出地面局部地貌的变化时,可用二分之一基本等高距的等高线,称为半距等高线,用长虚线表示。

#### 4. 辅助等高线(助曲线)

更加细小的变化,还可用四分之一基本等高距的等高线,称为辅助等高线,用短虚线表示。

# 项目二　　地形图的测绘

## 一、测图前的准备工作

### (一)图纸准备

为保证测图的质量,应选择优质绘图纸。一般临时性测图,可直接固定将图纸在图板上进行测绘;需要长期保存的地形图,为减少图纸的伸缩变形,通常将图纸裱糊在锌板、铝板或胶合板上。目前各测绘部门大多采用聚酯薄膜代替绘图纸,它具有透明度好、伸缩性小、不怕潮湿、牢固耐用等特点。聚酯薄膜图纸的厚度为 0.07～0.1mm,表面打毛,可直接在底图上着墨复晒蓝图,如果表面不清洁,还可用水洗涤,但聚酯薄膜易燃、易折和老化,故在使用保管过程中应注意防火、防折。大比例尺地形图的图幅一般为 50cm×50cm、50cm×40cm、40cm×40cm。

## （二）绘制坐标格网

为了准确地将控制点展绘在图纸上，首先要在图纸上绘制 10cm×10cm 的直角坐标格网。绘制坐标格网的工具和方法很多，这里主要介绍对角线法。

如图 7-10，先用直尺在图纸上绘出两条对角线，从交点 O 为圆心沿对角线量取等长线段，得 a、b、c、d 点，用直线顺序连接 4 点，得矩形 abcd。再从 a、d 两点起各沿 ab、dc 方向每隔 10cm 定一点；从 d、c 两点起各沿 da、cb 方向每隔 10cm 定一点，连接矩形对边上的相应点，即得坐标格网。坐标格网是测绘地形图的基础，每一个方格的边长都应该准确，纵横格网线应严格垂直。因此，坐标格网绘好后，要进行格网边长和垂直度的检查。小方格网的边长检查，可用比例尺量取，其值与 10cm 的误差不应超过 0.2mm；小方格网对角线长度与 14.14cm 的误差不应超过 0.3mm。方格网垂直度的检查，可用直尺检查格网的交点是否在同一直线上（如图 7-10 中 mn 直线），其偏离值不应超过 0.2mm。如检查值超过限差，应重新绘制方格网。

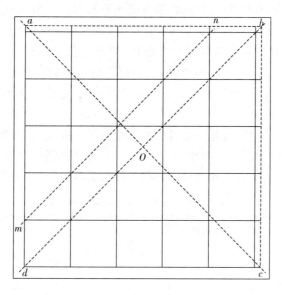

图 7-10　坐标格网的绘制

## （三）展绘控制点

展绘控制点前，首先要按图的分幅位置，确定坐标格网线的坐标值，也可根据测图控制点的最大和最小坐标值来确定，使控制点安置在图纸上的适当位置，坐标值要注在相应格网边线的外侧。

按坐标展绘控制点，先要根据其坐标，确定所在的方格。如图 7-11 中，控制点 A 的坐标 $x_A =$ 449.5m，$y_A = 8452.8$m。据 A 点的坐标值，可知其位置在 a 所在的方格内。再据 Aa 之间的坐标增量 $\Delta x_{Aa} = 9.5$m，$\Delta y_{Aa} = 12.8$m 分别从 a 点沿 x

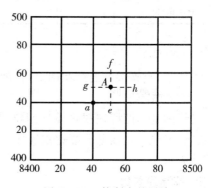

图 7-11　控制点的展绘

轴和 $y$ 轴量取 9.5m 和 12.8m 得 $e$、$g$ 点,再过两点作 $x$、$y$ 轴的平行线,其交点即为 $A$。同法可将图幅内所有控制点展绘在图纸上,最后用比例尺量取各相邻控制点间的距离作为检查,其距离与相应的实地距离的误差不应超过图上 0.3mm。在图纸上的控制点要注记点名和高程,一般可在控制点的右侧以分数形式注明,分子为点名,分母为高程。

## 二、碎部测量

碎部测量是以控制点为测站,测定周围碎部点的平面位置和高程,并按规定的图示符号绘制成图。

### (一)碎部点的选择

地物和地貌的特征点,统称为地形特征点。正确选择地形特征点是碎部测量中十分重要的工作,它是地形测绘的基础。地物特征点,一般选在地物轮廓的方向线变化处,如房屋角点、道路转折点或交叉点、河岸水涯线或水渠的转弯点等。连接这些特征点,就能得到地物的相似形状。对于形状不规则的地物,通常要进行取舍。一般的规定是主要地物凸凹部分在地形图上大于 0.4mm 均应测定出来;小于 0.4mm 时可用直线连接。一些非比例表示的地物,如独立树、纪念碑和电线杆等独立地物,则应选在中心点位置。地貌特征点,通常选在最能反映地貌特征的山脊线、山谷线等地性线上。如山顶、鞍部、山脊、山谷、山坡、山脚等坡度或方向的变化点。利用这些特征点勾绘等高线,才能在地形图上真实地反映出地貌来。

碎部点的密度应该适当,过稀不能详细反映地形的细小变化,过密则增加野外工作量,造成浪费。碎部点在地形图上的间距约为 2～3cm,各种比例尺的碎部点间距可参考表 7-3。在地面平坦或坡度无显著变化地区,地貌特征点的间距可以采用最大值。

表 7-3　碎部点间距和最大视距

| 测图比例尺 | 地形点最大间距 /m | 最大视距 /m | |
| --- | --- | --- | --- |
| | | 主要地物点 | 次要地物点和地形点 |
| 1∶500 | 15 | 60 | 100 |
| 1∶1000 | 30 | 100 | 150 |
| 1∶2000 | 50 | 180 | 250 |
| 1∶5000 | 100 | 300 | 350 |

### (二)地物地貌的描绘

工作中,当碎部点展绘在图上后,就可对照实地描绘地物和等高线。

#### 1. 地物描绘

描绘的地形图要按图式规定的符号表示地物。依比例描绘的房屋,轮廓要用直线连接,道路、河流的弯曲部分要逐点连成光滑的曲线。不依比例描绘的地物,需按规定的非比例符号表示。

#### 2. 等高线勾绘

由于等高线表示的地面高程均为等高距 $h$ 的整倍数,因而需要在两碎部点之间内插以

$h$ 为间隔的等高点。下面介绍几两种常见方法：

(1) 内插法

在同坡段上，利用高差与平距成正比的关系来内差等高点，从而勾绘出等高线。如图 7 - 12(a) 所示，以 $a$、$b$ 为例。高差 $h_{ab}=48.5-43.1=5.4$（m），已知 $a$,$b$ 点平距为 35mm（图上量取），若勾绘等高距为 1m 的等高线，共有五根线穿过 $ab$ 段，两根间的平距 $d=35/5.4=6.7$（mm）。$a$ 点至第一根等高线的高差为 0.9m，$d_1=6.7×0.9=6.03$（mm），定出 44m 的点，同法在 $b$ 点定出 48m 的点。中间点间的平距按 $d$ 量取定出 45m、46m、47m 各点；同理，在 $bc$、$bd$、$be$ 段上定出相应的点[图 7 - 12(b)]。最后将相邻等高的点，参照实地的地貌用圆滑的曲线徒手连接起来，就构成一簇等高线[图 7 - 12(c)]。

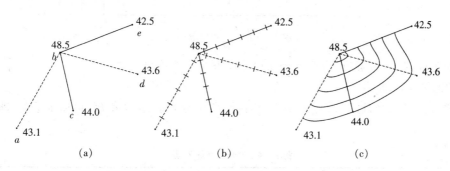

图 7 - 12　内插法勾绘等高线

(2) 目估法

目估法的要领就是"取头定尾，中间等分"，即首先确定两地形点间通过的等高线条数，然后目估确定两端等高线的通过点，再把这两条等高线之间的长度等分，从而确定其他等高线的通过点。

(三) 测图方法

测图方法有平板仪测绘法、经纬仪测绘法、数字化测图等。

**1. 经纬仪测绘法**

(1) 安置仪器

如图 7 - 13 所示，在测站 $A$ 安置经纬仪，量取仪器高 $i$，填入手簿，在视距尺上用红布条标出仪器高的位置 $v$，以便照准。将水平度盘读数配置为 0°，照准控制点 $B$，作为后视点的起始方向，并用视距法测定其距离和高差填入手簿，以便进行检查。当周围碎部点测完后，再重新照准后视点检查水平度盘零方向，在确定变动不大于 2′ 后，方可搬站。测图板置于测站旁。

(2) 跑尺 (扶杆)

在地形特征点上立尺的工作常称为跑尺或扶杆。立尺点的位置、密度、远近及跑尺的方法影响着成图的质量和功效。扶尺员在立尺之前，应弄清实测范围和实地情况，选定立尺点，并与观测员、绘图员共同商定跑尺路线，依次将尺立置于地物，地貌特征点上。

(3) 观测

将经纬仪照准地形点 $P$ 的标尺，中丝对准视仪器高处的红布条（或另一位置读数），上下丝读取视距间隔 $l$，并读取竖盘读数 $L$ 及水平角读数，记入手簿进行计算（表 7 - 4）。同法

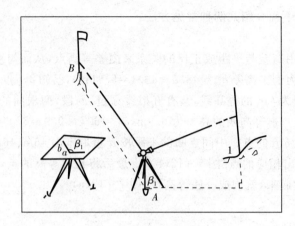

图 7-13　经纬仪测图

测定其他各碎部点,结束前,应检查经纬仪的零方向是否符合要求。

(4)记录与计算

根据尺间隔 $l$、竖盘读数 $L$、仪器高 $i$ 和棱镜高 $v$,就可算出 $D$ 和 $H$,再加水平角,即可展绘点位。

表 7-4　地形测量手簿

测站:$A$　后视点:$B$　仪器高 $i$:1.42m　指标差 $x$:-1'　测站高程 $H$:207.40m

| 点号 | 视距 $K \times l$/m | 中丝读数 $v$ | 水平角 $b$ | 竖盘读数 $L$ | 竖直角 $a$ | 高差 $h$/m | 水平距离 $D$/m | 高程/m | 备注 |
|---|---|---|---|---|---|---|---|---|---|
| 1 | 85 | 1.42 | 160°18′ | 85°48′ | 4°11′ | 6.18 | 84.55 | 213.58 | 水渠 |
| 2 | 13.5 | 1.42 | 10°58′ | 81°18′ | 8°41′ | 2.02 | 13.19 | 209.42 | |
| 3 | 50.6 | 1.42 | 234°32′ | 79°34′ | 10°25′ | 9 | 48.95 | 216.4 | |
| 4 | 70 | 1.6 | 135°36′ | 93°42′ | -3°43′ | -4.71 | 69.71 | 202.69 | 电杆 |

(5)展点

首先在图纸上确定测站点 $a$ 和后视点 $b$,使 $ab$ 与 $AB$ 连线方向一致,并适当延长 $ab$。然后用小针通过量角器圆心的小孔插在 $a$ 点,使量角器圆心固定在 $a$ 点。以碎部点 1 为例,转动量角器使 1 的水平角值 160°18′ 对准 $ab$,此时量角器上零度所在的方向线,即为 1 的方向;再在此方向上量取距离 84.55m,即得 1 的位置,并在右侧注明其高程;同理可得其他点。

(6)绘图

测绘地物时,应对照外轮廓随测随绘。测绘地貌时,应对照地性线和特殊地貌外缘点勾绘等高线和描绘特征地貌符号。勾绘等高线时,应先勾出计曲线,经对照检查无误,再加密其余等高线。

**2. 全站仪数字化测图**

利用全站仪能同时测定距离、角度、高差,提供待测点三维坐标,将仪器野外采集的数据,结合计算机、绘图仪以及相应软件,就可以实现自动化测图。这使地形图的编号、保存、修测更为方便。数字化地形测图又大大降低了测图工作强度,提高了作业效率,缩短了成图周期,所以数字测图已得到广泛的应用,数字测图取代常规测图是测绘科技发展的必然趋势和结果。

(1) 全站仪测图模式

结合不同的电子设备,全站仪数字化测图主要有如图 7-14 三种模式:

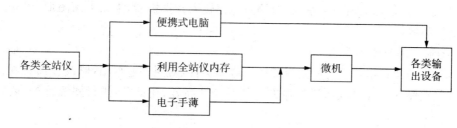

图 7-14　全站仪地形测图模式

1) 全站仪结合电子平板模式

该模式是以便携式电脑作为电子平板,通过通讯线直接与全站仪通讯、记录数据,实时成图。因此,它具有图形直观、准确性强、操作简单等优点,即使在地形复杂地区,也可现场测绘成图,避免野外绘制草图。目前这种模式的开发与研究相对比较完善,由于便携式电脑性能和测绘人员综合素质不断提高,因此它符合今后的发展趋势。

2) 直接利用全站仪内存模式

该模式使用全站仪内存或自带记忆卡,把野外测得的数据,通过一定的编码方式,直接记录,同时野外现场绘制复杂地形草图,供室内成图时参考对照。因此,它操作过程简单,无须附带其他电子设备;对野外观测数据直接存储,纠错能力强,可进行内业纠错处理。随着全站仪存储能力的不断增强,此方法进行小面积地形测量时,具有一定的灵活性。

3) 全站仪加电子手簿或高性能掌上电脑模式

该模式通过通讯线将全站仪与电子手簿或掌上电脑相联,把测量数据记录在电子手簿或便携式电脑上,同时可以进行一些简单的属性操作,并绘制现场草图。内业时把数据传输到计算机中,进行成图处理。它携带方便,掌上电脑采用图形界面交互系统,可以对测量数据进行简单的编辑,减少了内业工作量。随着掌上电脑处理能力的不断增强,科技人员正进行针对于全站仪的掌上电脑二次开发工作,此方法会在实践中进一步完善。

(2) 全站仪数字测图过程

全站仪数字化测图,主要分为准备工作、数据获取、数据输入、数据处理、数据输出等五个阶段。在准备工作阶段,包括资料准备、控制测量、测图准备等,与传统地形测图一样,在此不再赘述,现以实际生产中普遍采用的全站仪加电子手簿测图模式为例,从数据采集到成图输出介绍全站仪数字化测图的基本过程。

1) 野外碎部点采集

一般用"解算法"进行碎部点测量采集,用电子手簿记录三维坐标$(x,y,H)$及其绘图信息。既要记录测站参数、距离、水平角和竖直角的碎部点位置信息,还要记录编码、点号、连接点和连接线型四种信息,在采集碎部点时要及时绘制观测草图。

2) 数据传输

用数据通信线连接电子手簿和计算机,把野外观测数据传输到计算机中,每次观测的数据要及时传输,避免数据丢失。

3）数据处理

数据处理包括数据转换和数据计算。数据处理是对野外采集的数据进行预处理,检查可能出现的各种错误;把野外采集到的数据编码,使测量数据转化成绘图系统所需的编码格式。数据计算是针对地貌关系的,当测量数据输入计算机后,生成平面图形、建立图形文件、绘制等高线。

4）图形处理与成图输出

编辑、整理经数据处理后所生成的图形数据文件,对照外业草图,修改整饰新生成的地形图,补测重测存在漏测或测错的地方。然后加注高程、注记等,进行图幅整饰,最后成图输出。

（3）数据编码

野外数据采集,仅测定碎部点的位置并不能满足计算机自动成图的需要,必须将所测地物点的连接关系和地物类别（或地物属性）等绘图信息记录下来,并按一定的编码格式记录数据。编码按照 GB/T 14804—93《1：500、1：1000、1：2000 地形图要素分类与代码》进行,地形信息的编码由 4 部分组成:大类码、小类码、一级代码、二级代码,分别用 1 位十进制数字顺序排列。第一大类码是测量控制点,又分平面控制点、高程控制点、GPS 点和其他控制点四个小类,编码分别为 11、12、13 和 14。小类码又分若干一级代码,一级代码又分若干二级代码。如小三角点是第 3 个一级代码,5 秒小三角点是第 1 个二级代码,则小三角点的编码是 113,5 秒小三角点的编码是 1132。

野外观测,除要记录测站参数、距离、水平角和竖直角等观测量外,还要记录地物点连接关系信息编码。现以一条小路为例（图 7 - 15）,说明野外记录的方法。记录格式见表 7 - 5,表中连接点是与观测点相连接的点号,连接线型是测点与连接点之间的连线形式,有直线、曲线、圆弧和独立点四种形式,分别用 1、2、3 和空为代码,小路的编码为 443,点号同时也代表测量碎部点的顺序,表中略去了观测值。

表 7 - 5　小路的数字化测图编码

| 单　元 | 点　号 | 编　号 | 连接点 | 连接线性 |
|---|---|---|---|---|
| 第一单元 | 1 | 443 | 1 | 2 |
|  | 2 | 443 |  |  |
|  | 3 | 443 |  |  |
|  | 4 | 443 |  |  |
| 第二单元 | 5 | 443 | 5 | —2 |
|  | 6 | 443 |  |  |
|  | 7 | 443 | —4 |  |
| 第三单元 | 8 | 443 | 5 | 1 |

目前开发的测图软件一般是根据自身特点的需要、作业习惯、仪器设备和数据处理方法制定自己的编码规则。利用全站仪进行野外测设时,编码一般由地物代码和连接关系的

简单符号组成。如代码 F0、F1、F2⋯ 分别表示特种房、普通房、简单房⋯(F 字为"房"的第一拼音字母,以下类同),H1、H2⋯ 表示第一条河流、第二条河流的点位⋯⋯

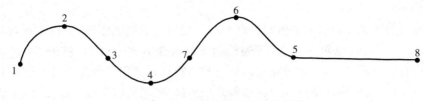

图 7-15　小路的数字化测图纪录

# 项目三　　地形图的拼接、检查和整饰

在大区域内测图,地形图是分幅测绘的。为了保证相邻图幅的互相拼接,每一幅图的四边,要测出图廓外 5mm。测完图后,还需要对图幅进行拼接,检查与整饰,方能获得符合要求的地形图。

## 一、地形图的拼接

每幅图施测完后,在相邻图幅的连接处,无论是地物或地貌,往往都不能完全吻合。道路、等高线都有偏差。如相邻图幅地物和等高线的偏差,不超过表 7-6 规定的 $2\sqrt{2}$ 倍,取平均位置加以修正。修正时,通常用宽 5 ～ 6cm 的透明纸蒙在左图幅的接图边上,用铅笔把坐标格网线、地物、地貌描绘在透明纸上,然后再把透明纸按坐标格网线位置蒙在右图幅衔接边上,同样用铅笔描绘地物、地貌。若接边差在限差内,则在透明纸上用彩色笔平均配赋,并将纠正后的地物地貌分别刺在相邻图边上,以此修正图内的地物、地貌。

表 7-6　地形图接边误差允许值

| 地区类别 | 点位中误差<br>(mm 图上) | 邻近地物点间距<br>中误差(mm 图上) | 等高线高程中误差(等高距) | | | |
|---|---|---|---|---|---|---|
| | | | 平地 | 丘陵地 | 山地 | 高山地 |
| 山地、高山地和设站施测困难的旧街坊内部 | 0.75 | 0.6 | 1/3 | 1/2 | 2/3 | 1 |
| 城市建筑区和平地、丘陵地 | 0.5 | 0.4 | | | | |

## 二、地形图的检查

### (一)室内检查

观测和计算手簿的记载是否齐全、清楚和正确,各项限差是否符合规定;图上地物、地貌的真实性、清晰性和易读性,各种符号的运用、名称注记等是否正确,等高线与地貌特征点的高程是否符合,有无矛盾或可疑的地方,相邻图幅的接边有无问题等。如发现错误或疑点,应到野外进行实地检查修改。

## (二) 外业检查

首先进行巡视检查,它根据室内检查的重点,按预定的巡视路线,进行实地对照查看。主要查看原图的地物、地貌有无遗漏;勾绘的等高线是否逼真合理,符号、注记是否正确等。然后进行仪器设站检查,除对在室内检查和巡视检查过程中发现的重点错误和遗漏进行补测和更正外,对一些怀疑点,地物、地貌复杂地区,图幅的四角或中心地区,也需抽样设站检查,一般为 10% 左右。

## 三、地形图的整饰

当原图经过拼接和检查后,要进行清绘和整饰,使图面更加合理,清晰,美观。整饰应遵循先图内后图外,先地物后地貌,先注记后符号的原则进行。工作顺序为:内图廓、坐标格网,控制点、地形点符号及高程注记,独立物体及各种名称、数字的绘注,居民地等建筑物,各种线路、水系等,植被与地类界,等高线及各种地貌符号等。图外的整饰包括外图廓线、坐标网、经纬度、接图表、图名、图号、比例尺,坐标系统及高程系统、施测单位、测绘者及施测日期等。图上地物以及等高线的线条粗细、注记字体大小均按规定的图式进行绘制。

现代测绘部门大多已采用计算机绘图工序,经外业测绘的地形图,只需用铅笔完成清绘,然后用扫描仪使地图矢量化,便可通过 AutoCAD 等绘图软件进行地形图的机助绘制。

# 模块八　　地形图的应用

## 模块概述

本模块的主要就地形图应用的基本内容和工程建设中地形图的应用等进行介绍。

## 知识目标

◆ 掌握地形图的识读以及图形面积的量算。

◆ 了解地形图应用的基本内容。

◆ 熟悉工程建设、规划及设计中的地形图应用。

## 技能目标

◆ 能独立地完成地形图的识读,能够通过地形图确定一点的坐标及高程,一条直线的长度和方向。

◆ 能够确定直线的坡度并且可以按设计坡度选取最短路线。

## 素质目标

◆ 培养学生严谨求实的学习态度。

◆ 培养学生良好的动手能力。

## 课时建议

8 学时

# 项目一　　地形图应用

## 一、地形图的分幅与编号

为了便于测绘、使用和管理地形图,需要统一地对地形图进行分幅和编号。分幅就是将大面积的地形图按照不同比例尺划分成若干幅小区域的图幅。编号就是将划分的图幅,按比例尺大小和所在的位置,用文字符号和数字符号进行编号。地形图的分幅方法有两种:一种是经纬网梯形分幅法或国际分幅法;另一种是坐标格网正方形或矩形分幅法。前者用于国家基本比例尺地形图,后者用于工程建设大比例尺地形图。

### (一)地形图的分幅与编号

(1)1:100 万比例尺地形图的分幅和编号。1:100 万地形图分幅和编号是采用国际标准分幅的经差 6°、纬差 4° 为一幅图。如图 7-1,从赤道起向北或向南至纬度 88° 止,按纬差每 4° 划作 22 个横列,依次用 A、B、…、V 表示;从经度 180° 起向东按经差每 6° 划作一纵行,全球共划分为 60 纵行,依次用 1、2、…、60 表示。每幅图的编号由该图幅所在的"列号-行号"组成。例如,北京某地的经度为 116°26′08″,纬度为 39°55′20″,所在 1:100 万地形图的编号为 J-50。

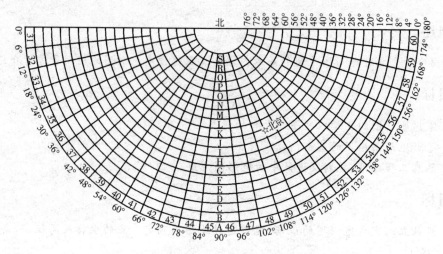

图 8-1  北半球东侧 1:100 万地图的国际分幅编号

(2)1:50 万、1:25 万、1:10 万比例尺地形图的分幅和编号这三种例尺地形图都是在 1:100 万地形图的基础上进行分幅编号的。如图 8-2 所示。

一幅 1:100 万的图可划分出为 4 幅 1:50 万的图,分别以代码 A、B、C、D 表示。将 1:100 万图幅的编号加上代码,即为该代码图幅的编号,如图 8-2 左上角 1:50 万图幅的编号为 J-50-A。

一幅 1:100 万的图可划分出 16 幅 1:25 万的图,分别用[1]、[2]、…、[16]代码表示。将 1:100 万图幅的编号加上代码,即为该代码图幅的编号,如图 8-2 左上角 1:25 万图幅的编号为 J-50-[1]。

一幅 1:100 万的图,可划分出 144 幅 1:10 万的图,分别用 1、2、…、144 代码表示。将 1:100 万图幅的编号加上代码,即为该代码图幅的编号,如图 8-2 左上角 1:10 万图幅的编号为 J-50-1。

(3)1:5 万、1:2.5 万、1:1 万比例尺地形图的分幅和编号这三种比例尺图的分幅、编号都是以 1:10 万比例尺地形图为基础。将一幅 1:10 万的图划分成 4 幅 1:5 万地形图,分别以 A、B、C、D 数码表示,将其加在 1:10 万图幅编号后面,便组成 1:5 万的图幅编号,例如,J-50-144-A。如果再将每幅 1:5 万的图幅划分成 4 幅 1:2.5 万地形图,并以 1、2、3、4 数码表示,将其加在 1:5 万图幅编号后面便组成 1:2.5 万图幅的编号,例如,J-50-144-A-2。将 1:10 万图幅进一步划分成 64 幅 1:1 万地形图,并用(1)、(2)、…、(64)带括号的数码表示,将其加在 1:10 万图幅编号后面,便组成 1:1 万图幅的编号。例如,J-50-144-(62)。

(4)1:5000、1:2000 比例尺地形图的分幅和编号。这两种比例尺图是在 1:1 万比例尺地形图图幅的基础上进行分幅和编号的。将一幅 1:1 万的图幅划分成 4 幅 1:5000 图幅,分别在 1:1 万的编号后面写上代码 a、b、c、d,例如,J-50-144-(62)-b。每幅 1:5000 的图

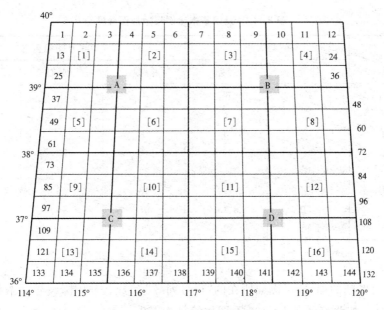

图 8-2　1：50 万、1：25 万、1：10 万比例尺地形图的分幅和编号

再划分成 9 幅 1：2000 的图,其编号是在 1：5000 图的编号后面再写上数字 1、2、…、9,例如,
J-50-144-(62)-b-8。

上述各种比例尺地形图的分幅与编号方法综合列入表 8-1。

表 8-1　梯形分幅的图幅规格与编号

| 地形图比例尺 | 图幅大小 | | 图幅包含关系 | 图幅编号事例 |
|---|---|---|---|---|
| | 经度差 | 纬度差 | | |
| 1：100 万 | 6° | 4° | | J-50 |
| 1：50 万 | 3° | 2° | 1：100 万图幅包含 4 幅 | J-50-A |
| 1：25 万 | 1°30′ | 1° | 1：100 万图幅包含 16 幅 | J-50-[1] |
| 1：10 万 | 30′ | 20′ | 1：100 万图幅包含 144 幅 | J-50-1 |
| 1：5 万 | 15′ | 10′ | 1：10 万图幅包含 4 幅 | J-50-144-A |
| 1：2.5 万 | 7′30″ | 5′ | 1：5 万图幅包含 4 幅 | J-50-144-A-2 |
| 1：1 万 | 3′45″ | 2′30″ | 1：10 万图幅包含 64 幅 | J-50-144-(62) |
| 1：5000 | 1′52.5″ | 1′15″ | 1：1 万图幅包含 4 幅 | J-50-144-(62)-b |
| 1：2000 | 37.5″ | 25″ | 1：5000 图幅包含 9 幅 | J-50-144-(62)-b-8 |

（二）国家基本地形图的分幅与编号

1992 年 12 月,我国颁布了《国家基本比例尺地形图分幅和编号 GB/T 139 89—92》新
标准,1993 年 3 月开始实施。新的分幅与编号方法如下。

**1. 分 幅**

1：100 万地形图的分幅标准仍按国际分幅法进行。其余比例尺的分幅均以 1：100 万
地形图为基础,按照横行数纵列数的多少划分图幅,详见表 8-2、图 8-3。

表 8-2　我国基本比例尺地形图分幅

| 地形图比例尺 | 图幅大小 | | 1∶100 万图幅包含关系 | | |
|---|---|---|---|---|---|
| | 纬差 | 经差 | 行数 | 列数 | 图幅数 |
| 1∶100 万 | 4° | 6° | 1 | 1 | 1 |
| 1∶50 万 | 2° | 3° | 2 | 2 | 4 |
| 1∶25 万 | 1° | 1°30′ | 4 | 4 | 16 |
| 1∶10 万 | 20′ | 30′ | 12 | 12 | 144 |
| 1∶5 万 | 10′ | 15′ | 24 | 24 | 576 |
| 1∶2.5 万 | 5′ | 7′30″ | 48 | 48 | 2304 |
| 1∶1 万 | 2′30″ | 3′45″ | 96 | 96 | 9216 |
| 1∶5000 | 1′15″ | 1′52.5″ | 192 | 192 | 36864 |

**2. 编　号**

1∶100 万图幅的编号,由图幅所在的"行号列号"组成。与国际编号基本相同,但行与列的称谓相反。如北京所在 1∶100 万图幅编号为 J50。

1∶50 万与 1∶5000 图幅的编号,由图幅所在的"1∶100 万图行号(字符码)1 位,列号(数字码)1 位,比例尺代码(字符码见表 8-3)1 位,该图幅行号(数字码见图 8-3)3 位,列号(数字码)3 位"共 10 位代码组成。

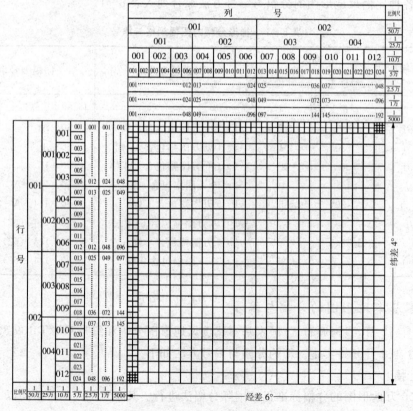

图 8-3　1∶100 万～1∶5000 地形图行列分幅与编号

表 8-3　我国基本比例尺代码

| 比例尺 | 1:50万 | 1:25万 | 1:10万 | 1:5万 | 1:2.5万 | 1:1万 | 1:5000 |
|---|---|---|---|---|---|---|---|
| 代　码 | B | C | D | E | F | G | H |

## （三）地形图的正方形（或矩形）分幅与编号方法

为了适应各种工程设计和施工的需要,对于大比例尺地形图,大多按纵横坐标格网线进行等间距分幅,即采用正方形分幅与编号方法。图幅大小如表 8-4 所示。

表 8-4　正方形分幅的图幅规格与面积大小

| 地形图比例尺 | 图幅大小（cm） | 实际面积（km²） | 1:5000 图幅包含数 |
|---|---|---|---|
| 1:5000 | 40×40 | 4 | 1 |
| 1:2000 | 50×50 | 1 | 4 |
| 1:1000 | 50×50 | 0.25 | 16 |
| 1:500 | 50×50 | 0.0625 | 64 |

图幅的编号一般采用坐标编号法。由图幅西南角纵坐标 $x$ 和横坐标 $y$ 组成编号,1:5000 坐标值取至 km,1:2000、1:1000 取至 0.1km,1:500 取至 0.01km。例如,某幅 1:1000 地形图的西南角坐标为 $x=6230$km、$y=10$km,则其编号为 6230.0-10.0。也可以采用基本图号法编号,即以 1:5000 地形图作为基础,较大比例尺图幅的编号是在它的编号后面加上罗马数字。例如,一幅 1:5000 地形图的编号为 20-60,则其他图的编号见图 8-4。

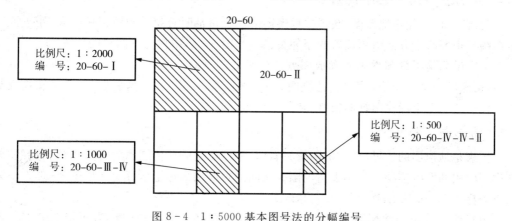

图 8-4　1:5000 基本图号法的分幅编号

# 项目二　　地形图的阅读

## 一、地形图图外注记

### （一）图名与图号

图名是指本图幅的名称,一般以本图幅内最重要的地名或主要单位名称来命名,注记在图廓外上方的中央。如图8-5,地形图的图名为"西三庄"。

图号,即图的分幅编号,注在图名下方。如图8-5所示,图号为3510.0-220.0,它由左下角纵、横坐标组成。

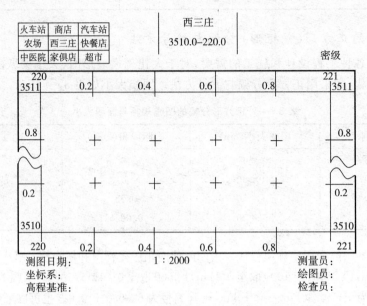

图 8-5　图名、图号、接图表

## (二) 接图表与图外文字说明

为便于查找、使用地形图,在每幅地形图的左上角都附有相应的图幅接图表,用于说明本图幅与相邻八个方向图幅位置的相邻关系。如图8-5,中央为本图幅的位置。

文字说明是了解图件来源和成图方法的重要的资料。如图8-5,通常在图的下方或左、右两侧注有文字说明,内容包括测图日期、坐标系、高程基准、测量员、绘图员和检查员等。在图的右上角标注图纸的密级。

## (三) 图廓与坐标格网

图廓是地形图的边界,正方形图廓只有内、外图廓之分。内图廓为直角坐标格网线,外图廓用较粗的实线描绘。外图廓与内图廓之间的短线用来标记坐标值。如图8-6,左下角的纵坐标为3510.0km,横坐标220.0km。

由经纬线分幅的地形图,内图廓呈梯形,如图8-6。西图廓经线为东经128°45′,南图廓纬线为北纬46°50′,两线的交点为图廓点。内图廓与外图廓之间绘有黑白相间的分度带,每段黑白线长表示经纬差1′。连接东西、南北相对应的分度带值便得到大地坐标格网,可供图解点位的地理坐标用。分度带与内图廓之间注记了以 km 为单位的高斯直角坐标值。图中左下角从赤道起算的5189km为纵坐标,其余的90、91等为省去了前面、百两位51的公里数。横坐标为22482km,其中22为该图所在的投影带号,482km为该纵线的横坐标值。纵横线构成了公里格网。在四边的外图廓与分度带之间注有相邻接图号,供接边查用。

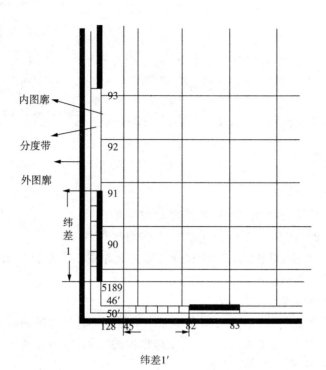

内图廓

分度带

外图廓

纬差1

93

92

91

90

5189
46'
50'

128  45  82  83

纬差1'

图 8-6　图廓与坐标格网

## （四）直线比例尺与坡度尺

　　直线比例尺也称图示比例尺，它是将图上的线段用实际的长度来表示，如图 8-7(a)。因此，可以用分规或直尺在地形图上量出两点之间的长度，然后与直线比例尺进行比较，就能直接得出该两点间的实际长度值。三棱比例尺也属于直线比例尺。

　　为了便于在地形图上量测两条等高线（首曲线或计曲线）间两点直线的坡度，通常在中、小比例尺地形图的南图廓外绘有图解坡度尺，如图 8-7(b)。坡度尺是按等高距与平距的关系 $d = h \cdot \tan\alpha$ 制成的。如图示，在底线上以适当比例定出 $0°$、$1°$、$2°$、$\cdots$ 等各点，并在点上绘垂线。将相邻等高线平距 $d$ 与各点角值 $\alpha_i$ 按关系式求出相应平距 $d_i$。然后，在相应点垂线上按地形图比例尺截取 $d_i$ 值定出垂线顶点，再用光滑曲线连接各顶点而成。应用时，用卡规在地形图上量取量等高线 $a$、$b$ 点平距 $ab$，在坡度尺上比较，即可查得 $ab$ 的角值约为 $1°45'$。

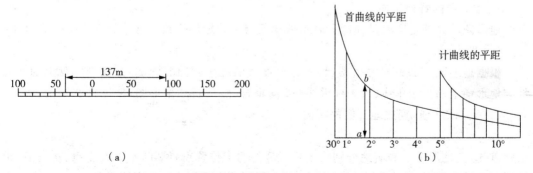

（a）

（b）

图 8-7　直线比例尺与坡度

## （五）三北方向

中、小比例尺地形图的南图廓线右下方,通常绘有真子午线、磁子午线和坐标纵轴三个北方向之间的角度关系,如图8-8。利用三北方向图,可对图上任一方向的真方位角、磁方位角和坐标方位角进行相互换算。

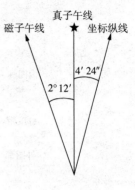

图8-8 三北方向

# 二、地形图的识读

## （一）地物地貌的识别

地形图反映了地物的位置、形状、大小和地物间的相互位置关系,以及地貌的起伏形态。为了能够正确地应用地形图,必须要读懂地形图(即识图),并能根据地形图上各种符号和注记,在头脑中建立起相应的立体模型。地形图识读包括如下内容。

### 1. 图廓外要素的阅读

图廓外要素是指地形图内图廓之外的要素。通过图廓外要素的阅读,可以了解测图时间,从而判断地形图的新旧和适用程度,以及地形图的比例尺、坐标系统、高程系统和基本等高距,以及图幅范围和接图表等内容。

### 2. 图廓内要素的判读

图廓内要素是指地物、地貌符号及相关注记等。在判读地物时,首先了解主要地物的分布情况,例如,居民点、交通线路及水系等。要注意地物符号的主次让位问题,例如,铁路和公路并行,图上是以铁路中心位置绘制铁路符号,而公路符号让位,地物符号不准重叠。在地貌判读时,先看计曲线再看首曲线的分布情况,了解等高线所表示出的地性线及典型地貌,进而了解该图幅范围总体地貌及某地区的特殊地貌。同时,通过对居民地、交通网、电力线、输油管线等重要地物的判读,可以了解该地区的社会经济发展情况。

## （二）野外使用地形图

在野外使用地形图时,经常要进行地形图的定向、在图上确定站立点位置、地形图与实地对照,以及野外填图等项工作。当使用的地形图图幅数较多时,为了使用方便则须进行地形图的拼接和粘贴,方法是根据接图表所表示的相邻图幅的图名和图号,将各幅图按其关系位置排列好,按左压右、上压下的顺序进行拼贴,构成一张范围更大的地形图。

### 1. 地形图的野外定向

地形图的野外定向就是使图上表示的地形与实地地形一致。常用的方法有以下两种:

（1）罗盘定向

根据地形图上的三北关系图,将罗盘刻度盘的北字指向北图廓,并使刻度盘上的南北线与地形图上的真子午线(或坐标纵线)方向重合,然后转动地形图,使磁针北端指到磁偏角(或磁坐偏角)值,完成地形图的定向。

（2）地物定向

首先,在地形图上和实地分别找出相对应的两个位置点,例如,本人站立点、房角点、道路或河流转弯点、山顶、独立树等,然后转动地形图,使图上位置与实地位置一致。

### 2. 在地形图上确定站立点位置

当站立点附近有明显地貌和地物时，可利用它们确定站立点在图上的位置。例如，站立点的位置是在图上道路或河流的转弯点、房屋角点、桥梁一端，以及在山脊的一个平台上等。

当站立点附近没有明显地物或地貌特征时，可以采用交会方法来确定站立点在图上的位置。

### 3. 地图与实地对照

当进行了地形图定向和确定了站立点的位置后，就可以根据图上站立点周围的地物和地貌的符号，找出与实地相对应的地物和地貌，或者观察了实地地物和地貌来识别其在地图上所表示的位置。地图和实地通常是先识别主要和明显的地物、地貌，再按关系位置识别其他地物、地貌。通过地形图和实地对照，了解和熟悉周围地形情况，比较出地形图上内容与实地相应地形是否发生了变化。

### 4. 野外填图

野外填图，是指把土壤普查、土地利用、矿产资源分布等情况填绘于地形图上。野外填图时，应注意沿途具有方位意义的地物，随时确定本人站立点在图上的位置，同时，站立点要选择视线良好的地点，便于观察较大范围的填图对象，确定其边界并填绘在地形图上。通常用罗盘或目估方法确定填图对象的方向，用目估、步测或皮尺确定距离。

# 项目三　　用图的基本知识

地形图是国家各个部门、各项工程建设中必需的基础资料，在地形图上可以获取多种、大量的所需信息。并且，从地形图上确定地物的位置和相互关系及地貌的起伏形态等情况，比实地更准确、更全面、更方便、更迅速。

## 一、确定图上点位的坐标

### （一）求点的直角坐标

欲求图 8-9(a) 中 $P$ 点的直角坐标，可以通过从 $P$ 点作平行于直角坐标格网的直线，交格网线于 $e$、$f$、$g$、$h$ 点。用比例尺（或直尺）量出 $ae$ 和 $ag$ 两段距离，则 $P$ 点的坐标为：

$$x_P = x_a + ae = 21100 + 27 = 21127(\text{m})$$

$$y_P = y_a + ag = 32100 + 29 = 32129(\text{m})$$

为了防止图纸伸缩变形带来的误差，可以采用下列计算公式消除：

$$x_P = x_a + \frac{ae}{ab} \cdot l = 21100 + \frac{27}{99.9} \times 100 = 21127.03(\text{m})$$

$$y_P = y_a + \frac{ag}{ad} \cdot l = 32100 + \frac{29}{99.9} \times 100 = 32129.03(\text{m})$$

式中，$l$ 为相邻格网线间距。

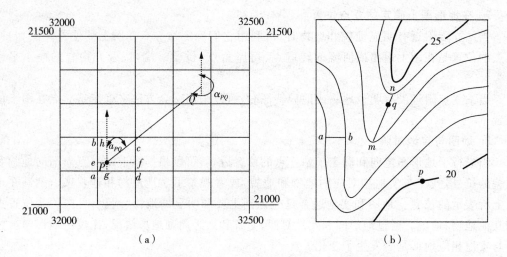

图 8-9　确定点的坐标、高程、直线段的距离、坐标方位角和坡度

## （二）求点的大地坐标

在求某点的大地坐标时,首先根据地形图内外图廓中的分度带,绘出大地坐标格网。接着,作平行于大地坐标格网的纵横直线,交于大地坐标格网。然后,按照上面求点直角坐标的方法计算出点的大地坐标。

## 二、确定图上直线段的距离

若求 $PQ$ 两点间的水平距离,如图 8-9(a),最简单的办法是用比例尺或直尺直接从地形图上量取。为了消除图纸的伸缩变形给量取距离带来的误差,可以用两脚圆规量取 $PQ$ 间的长度,然后与图上的直线比例尺进行比较,得出两点间的距离。更精确的方法是利用前述方法求得 $P$、$Q$ 两点的直角坐标,再用坐标反算出两点间距离。

## 三、图上确定直线的坐标方位角

如图 8-9(a),若求直线 $PQ$ 的坐标方位角 $\alpha_{PQ}$,可以先过 $P$ 点作一条平行于坐标纵线的直线,然后,用量角器直接量取坐标方位角 $\alpha_{PQ}$。要求精度较高时,可以利用前述方法先求得 $P$、$Q$ 两点的直角坐标,再利用坐标反算公式计算出 $\alpha_{PQ}$。

## 四、确定图上点的高程

根据地形图上的等高线,可确定任一地面点的高程。如果地面点恰好位于某一等高线上,则根据等高线的高程注记或基本等高距,便可直接确定该点高程。如图 8-9(b),$p$ 点的高程为 20m。当确定位于相邻两等高线之间的地面点 $q$ 的高程时,可以采用目估的方法确定。更精确的方法是,先过 $q$ 点作垂直于相邻两等高线的线段 $mn$,再依高差和平距成比例的关系求解。例如,图中等高线的基本等高距为 1m,则 $q$ 点高程为:

$$H_q = H_n + \frac{mq}{mn} \cdot h = 23 + \frac{14}{20} \times 1 = 23.7 \text{（m）}$$

如果要确定两点间的高差,则可采用上述方法确定两点的高程后,相减即得两点间高差。

## 五、确定图上地面坡度

由等高线的特性可知,地形图上某处等高线之间的平距愈小,则地面坡度愈大。反之,等高线间平距愈大,坡度愈小。当等高线为一组等间距平行直线时,则该地区地貌为斜平面。

如图 8-9(b),欲求 $p$、$q$ 两点之间的地面坡度,可先求出两点高程 $H_p$、$H_q$,然后求出高差 $h_{pq} = H_q - H_p$,以及两点水平距离 $d_{pq}$,再按下式计算:

$p$、$q$ 两点之间的地面坡度:$i = \dfrac{h_{pq}}{d_{pq}}$

$p$、$q$ 两点之间的地面倾角:$\alpha_{pq} = \arctan \dfrac{h_{pq}}{d_{pq}}$

当地面两点间穿过的等高线平距不等时,计算的坡度则为地面两点平均坡度。

即坡度有正负号,"+"正号表示上坡,"−"负号表示下坡,常用百分率(%)或千分率(‰)表示

$$i = \frac{h}{d \cdot M} = \frac{h}{D}$$

两条相邻等高线间的坡度,是指垂直于两条等高线两个交点间的坡度。如图 8-9(b),垂直于等高线方向的直线 $ab$ 具有最大的倾斜角,该直线称为最大倾斜线(或坡度线),通常以最大倾斜线的方向代表该地面的倾斜方向。最大倾斜线的倾斜角,也代表该地面的倾斜角。

此外,也可以利用地形图上的坡度尺求取坡度。

## 六、在图上设计规定坡度的线路

对管线、渠道、交通线路等工程进行初步设计时,通常先在地形图上选线。按照技术要求,选定的线路坡度不能超过规定的限制坡度,并且线路最短。

如图 8-10,地形图的比例尺为 1:2000,等高距为 2m。设需在该地形图上选出一条由车站 $A$ 至某工地 $B$ 的最短线路,并且在该线路任何处的坡度都不超 4%。

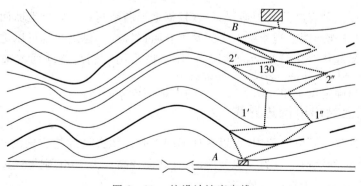

图 8-10　按设计坡度定线

常见的作法是将两脚圆规在坡度尺上截取坡度为 4% 时相邻两等高线间的平距;也可以按下式计算相邻等高线间的最小平距(地形图上距离):

$$d = \frac{h}{M \cdot i} = \frac{2}{2000 \cdot 4\%} = 25(\text{mm})$$

然后,将两脚圆规的脚尖设置为 25mm,把一脚尖立在以点 A 为圆心上作弧,交另一等高线 1′ 点,再以 1′ 点为圆心,另一脚尖交相邻等高线 2′ 点。如此继续直到 B 点。这样,由 A、1′、2′、3′ 至 B 连接的 AB 线路,就是所选定的坡度不超过 4% 的最短线路。

从图 8-10 中看出,如果平距 d 小于图上等高线间的平距,则说明该处地面最大坡度小于设计坡度,这时可以在两等高线间用垂线连接。此外,从 A 到 B 的线路可采用上述方法选择多条,例如,由 A、1″、2″、3″ 至 B 所确定的线路。最后选用哪条,则主要根据占用耕地、撤迁民房、施工难度及工程费用等因素决定。

## 七、沿图上已知方向绘制断面图

地形断面图是指沿某一方向描绘地面起伏状态的竖直面图。在交通、渠道以及各种管线工程中,可根据断面图地面起伏状态,量取有关数据进行线路设计。断面图可以在实地直接测定,也可根据地形图绘制。

绘制断面图时,首先要确定断面图的水平方向和垂直方向的比例尺。通常,在水平方向采用与所用地形图相同的比例尺,而垂直方向的比例尺通常要比水平方向大 10 倍,以突出地形起伏状况。

如图 8-11(a) 所示,要求在等高距为 5m、比例尺为 1∶5000 的地形图上,沿 DB 方向绘制地形断面图,方法如下:

(1)在地形图上绘出断面线 AB,依次交于等高线 1、2、3、… 点。

(2)如图 8-11(b),在另一张白纸(或毫米方格纸)上绘出水平线 AB,并作若干平行于 AB 等间隔的平行线,间隔大小依竖向比例尺而定,再注记出相应的高程值。

(3)把 1、2、3、… 等交点转绘到水平线 AB 上,并通过各点作 AB 垂直线,各垂线与相应高程的水平线交点即断面点。

(4)用平滑曲线连各断面点,则得到沿 AB 方向的断面图,如图 8-11(b)。

## 八、确定两地面点间是否通视

要确定地面上两点之间是否通视,可以根据地形图来判断。如果地面两点间的地形比较平坦时,通过在地形图上观看两点之间是否有阻挡视线的建筑物就可以进行判断。但在两点间之间地形起伏变化较复杂的情况下,则可以采用绘制简略断面图来确定其是否通视,如图 7-11,则可以判断 AB 两点是否通视。

## 九、在地形图上绘出填挖边界线

在平整场地的土石方工程中,可以在地形图上确定填方区和挖方区的边界线。如图 8-12 所示,要将山谷地形平整为一块平地,并且其设计高程为 45m,则填挖边界线就是 45m 的等高线,可以直接在地形图上确定。

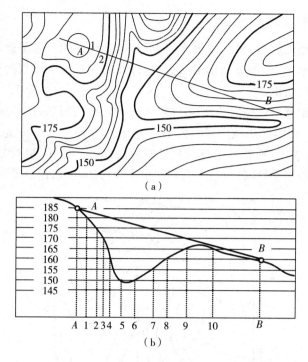

（a）

（b）

图 8-11　绘制地形断面图和确定地面两点间通视情况

　　如果在场地边界 $aa'$ 处的设计边坡为 1∶1.5（即每 1.5m 平距下降深度 1m），欲求填方坡脚边界线，则需在图上绘出等高距为 1m、平距为 1.5m、一组平行 $aa'$ 表示斜坡面的等高线。如图示，根据地形图同一比例尺绘出间距为 1.5m 的平行等高线与地形图同高程等高线的交点，即为坡脚交点。依次连接这些交点，即绘出填方边界线。同理，根据设计边坡，也可绘出挖方边界线。

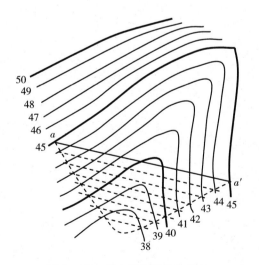

图 8-12　图上确定填挖边界线

## 十、确定汇水面积

在修建交通线路的涵洞、桥梁或水库的堤坝等工程建设中,需要确定有多大面积的雨水量汇集到桥涵或水库,即需要确定汇水面积,以便进行桥涵和堤坝的设计工作。通常是在地形图上确定汇水面积。

汇水面积是由山脊线所构成的区域。如图8-13,某公路经过山谷地区,欲在 $m$ 处建造涵洞,$cn$ 和 $em$ 为山谷线,注入该山谷的雨水是由山脊线(即分水线)$a$、$b$、$c$、$d$、$e$、$f$、$g$ 及公路所围成的区域。区域汇水面积可通过面积量测方法得出。另外,根据等高线的特性可知,山脊线处处与等高线相垂直,且经过一系列的山头和鞍部,可以在地形图上直接确定。

图 8-13 图上确定汇水面积

# 模块九　水平距离、水平角和高程的测设

## 模块概述

本模块就测设的一些基本工作进行了阐述，包括：采用一般放样法测设已知水平距离；使用直接侧设法；规划放样法角度法测设已知水平角和采用视线高法和高程传递法测设已知高程。

## 知识目标

◆ 掌握水平距离、水平角、高程三要素的测设方法。

◆ 掌握点平面位置的测设方法（极坐标法、直角坐标法、角度交会法、距离交会法）及坡度线的测设方法；掌握建筑场地平面控制（建筑基线、建筑方格网）、高程控制测量方法。

◆ 掌握民用建筑、高层建筑定位、放线方法；了解建筑物变形观测、竣工测量方法。

## 技能目标

◆ 掌握如何使用标准的测量仪器进行民用建筑的基本测量工作。

## 素质目标

◆ 培养学生严谨的学习态度。

◆ 培养学生相互协作的团队精神。

## 课时建议

6 学时

## 一、测设已知水平距离

### （一）一般量距

#### 1. 测距方法

先用经纬仪或以目估的方法进行定线。如地面较为平坦，可按整尺长度逐步丈量，直至最后量出两点间的距离。若地面起伏不平，可将尺子悬空并目估使其水平。以垂球或测钎对准地面点或向地面投点，测出其距离。地面坡度较大时，则可把一整尺段的距离分成几段丈量；也可沿斜坡丈量斜距，再用水准仪测出尺端间的高差，然后按式（9-2）求出高差改正数，将倾斜距离通过计算转化成水平距离。

如使用经检定的钢尺丈量距离，当其尺长改正数小于尺长的 1/10000，可不考虑尺长改

正。量距时的温度与钢尺检定时的标准温度（一般为 20℃）相差不大时，也可不进行温度改正。

### 2. 精度要求

为了校核并提高精度，一般要求进行往返丈量。取平均值作为结果，量距精度以往测与返测距离值的差数与平均值之比表示。在平坦地区应达到 1/3000，在起伏变化较大地区要求达到 1/2000，在丈量困难地区不得大于 1/1000。

## （二）精密量距

### 1. 测距方法

先用经纬仪进行直线方向，清除视线上的障碍，然后沿视线方向按每整尺段（即钢尺检定时的整长）设置传距桩。最好在桩顶面钉上白铁片，并画出十字线的标记。钢尺在开始量距前应先打开，使与空气接触，经 10 min 后方可进行量距。前尺以弹簧秤施加与钢尺检定时相同的拉力，后尺则以厘米分划线对准桩顶标志，当钢尺达到稳定时，前尺对好桩顶标志，随即读数；随后后尺移动 1～2 cm 分划线重新对准桩顶标志，再次读数；一般要求读出三组读数。读数时应估读到 0.1～0.5 mm，每次读数误差为 0.5～1 mm。读数时应同时测定温度，温度计最好绑在钢尺上，以便反映出钢尺量距时的实际温度。

### 2. 零尺段的丈量

按整尺段丈量距离，当量至另一端点时，必剩一零尺段。零尺段的长度最好采用经过检定的专门用于丈量零尺段的补尺来量度。如无条件，可按整尺长度沿视线方向将尺的一端延长，对钢尺所施拉力仍与检定时相同，然后按上述方法读出零尺段的读数。但由于钢尺刻度不均匀误差的影响，用这种方法测量不足整尺长度的零段距离，其精度有所降低，但对全段距离的影响是有限的。

### 3. 量距精度

当全段距离量完之后，尺端要调头，读数员互换，按同法进行返测，往返丈量一次为一测回，一般应测量二测回以上。量距精度以两测回的差数与距离之比表示。使用普通钢尺进行精密量距，其相对误差一般要达到 1/50000 以上。

## （三）精密量距时的三项改正数

### 1. 钢尺尺长改正数的理论公式

用钢尺测量空间两点间的距离时，因钢尺本身有尺长误差（或刻划误差），在两点之间测量的长度不等于实际长度，此外因钢尺在两点之间无支托，使尺下坠引起垂曲误差，为使垂曲小一些，需对钢尺施加一定的拉力，此拉力又势必使钢尺产生弹性变形，在尺端两桩高差为零的情况下，可列出钢尺尺长改正数理论公式的一般形式为：

$$\Delta L_i = \Delta C_i + \Delta P_i - \Delta S_i \tag{9-1}$$

式中，$\Delta L_i$——零尺段尺长改正数；

$\Delta C_i$——零尺段尺长误差（或刻划误差）；

$\Delta S_i$——钢尺尺长垂曲改正数；

$\Delta P_i$——钢尺尺长拉力改正数。

钢尺尺长误差改正公式：

钢尺上的刻划和注字,表示钢尺名义长度,由于钢尺制造设备,工艺流程和控制技术的影响,会有尺长误差,为了保证量距的精度,应对钢尺作检定,求出尺长误差的改正数。

检定钢尺长度(水平状态)是在野外钢尺基线场标准长度上,每隔 5m 设一托桩,以比长方法,施以一定的检定压力,检定 0~30m 或 0~50m 刻划间的长度,由此可按通用公式计算出尺长误差的改正数:

$$\Delta L_{平检} = L_{基} - L_{量} \tag{9-2}$$

式中,$\Delta L_{平检}$—— 钢尺水平状态检定拉力 $P_0$,20℃ 时的尺长误差改正数;

$L_{基}$—— 比尺长基线长度;

$L_{量}$—— 钢尺量得的名义长度。

当钢尺尺长误差分布均匀或系统误差时,钢尺尺长误差与长度成比例关系,则零尺段尺长误差的改正公式为:

$$\Delta C_i = \frac{L_i}{L} \cdot \Delta L_{平检}$$

式中,$\Delta C_i$—— 零尺段尺长误差改正数;

$L_i$—— 零尺段长度;

$L$—— 整尺段长度。

所求得的尺长改正数亦可送有资质的单位去作检定。

## 2. 温度改正

钢尺的长度是随温度而变化的。钢的线胀系数 $\alpha$ 一般为 $1.16 \times 10^{-5} \sim 1.25 \times 10^{-5}$,为了简化计算工作,取 $\alpha = 12 \times 10^{-5}$。若量距时之温度 $t$ 不等于钢尺检定时的标准温度 $t_0$($t_0$ 一般为 20℃),则每一整尺段 $L$ 的温度改正数 $\Delta L_t$ 按下式计算

$$\Delta L_t = \alpha(t - t_0)L \tag{9-3}$$

## 3. 倾斜改正

设沿倾斜地面量得 $A$、$B$ 两点之距离为 $L$(图9-1),$A$、$B$ 两点之间的高差为 $h$,为了将倾斜距离 $L$ 改算为水平距 $L_0$,需要求出倾斜改正数 $\Delta L_h$。

$$\Delta L_h = L_0 - L = -\frac{h^2}{2L} - \frac{h^4}{8L^3} \tag{9-4}$$

对上式一般只取用第一项,即可满足要求。如高差较大,所量斜距较短,则须计算第二项改正数。上式第二项为 $\frac{h^4}{8L^3} = \frac{\left(\frac{h^2}{2L}\right)^2}{2L}$。故求得第一项数值后将其平方再除以 $2L$,即得第二项之绝对值。

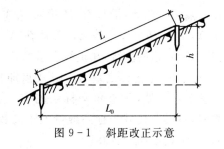

图 9-1　斜距改正示意

## 二、已知水平角的测设

　　测设已知水平角的角度时,只给出一个方向,按已知水平角的角值,在地面上测定另一方向。如图9-2,$OA$ 为已知方向,要在 $O$ 点测设 $\alpha$ 角。为此,在 $O$ 点安置经纬仪,对中整平后用正镜测设 $\alpha$ 值得 $B'$。为了消除仪器误差的影响,再以倒镜测设 $\alpha$ 角得 $B''$。取 $B'B''$ 之中得 $B_1$,则 $\angle AOB_1$ 即为所设之角。

　　若要精确的测设 $\alpha$ 角度,则按上法定出 $\angle AOB_1$ 之后,再用经纬仪测出 $\angle AOB_1$ 之角值为 $\alpha'$,$\alpha'$ 与给定的 $\alpha$ 值之差为 $\Delta\alpha$(图9-3)。为了精确设置 $\alpha$ 角,过 $B_1$ 作 $OB_1$ 的垂线,并在垂线上量取 $B_1B$ 得 $B$ 点,$\angle AOB$ 即为精确测设的 $\alpha$ 角度。

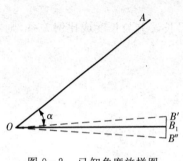
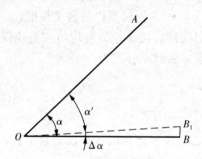

图9-2　已知角度放样图　　　　　　　图9-3　精测已知角示意图

　　$B_1B$ 按下式计算:

$$BB_1 = OB_1 \times \frac{\Delta\alpha}{\rho} \tag{9-5}$$

式中,$\rho = 206265''$,即一个弧度的角,以秒计。

## 三、地面点的平面位置的测设

　　确定地面点的平面位置有多种方法,一般要根据控制网的形式及分布、测设的精度要求及施工现场的条件来选用某种方法。

### (一)直角坐标法

　　当建筑场地的施工控制网为方格网或轴线网形式时,采用直角坐标法放线最为方便。如图9-4所示,$G_1$、$G_2$、$G_3$、$G_4$ 为方格网点,现在要在地面上测出一点 $A$。为此,沿 $G_2G_3$ 边量取 $G_2A'$,使 $G_2A'$等于 $A$ 与 $G_2$ 横坐标之差 $\Delta x$,然后在 $A'$ 设置经纬仪测设 $G_2G_3$ 边的垂线,在垂线上量取 $A'A$,使 $A'A$等于 $A$ 与 $G_2$ 纵坐标之差 $\Delta y$,则 $A$ 点即为所求。

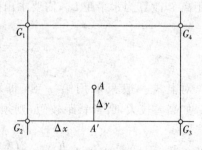

图9-4　直角坐标放线图

　　从上述可见,用直角坐标法测定一已知点的位置时,只需要按其坐标差数量取距离和测设直角,用加减法计算即可,工作方便,并便于检查,测量精度相对较高。

## （二）极坐标法

极坐标法适用于测设点靠近已知控制点，便于量距的地方。用极坐标法测定一点的平面位置时，是在一个控制点上安置经纬仪，通过观测另一控制点作为方向线来进行，要求该控制点必须与另一控制点通视。根据测定点与控制点的坐标，计算出它们之间的夹角（$\beta$）与距离（$S$），按 $\beta$ 与 $S$ 之值即可将给定的点位定出。如图 9-5 中，$M$、$N$ 为控制点，即已知 $M$、$N$ 之坐标和 $MN$ 边的坐标方位角 $\alpha_{MN}$。现在要求根据控制点 $M$ 测定 $P$ 点。首先进行内业计算，按坐标反算方法，求出 $M$ 到 $P$ 的坐标方位角 $\alpha_{MP}$ 和距离 $S$。计算公式如下：

$$\alpha_{MP} = \tan^{-1} \frac{y_P - y_M}{x_P - x_M} \tag{9-6}$$

$$S = \frac{y_P - y_M}{\sin\alpha_{MP}} = \frac{x_P - x_M}{\cos\alpha_{MP}} = \sqrt{(x_P - x_M)^2 + (y_P - y_M)^2} \tag{9-7}$$

$$\beta = \alpha_{MN} - \alpha_{MP} \tag{9-8}$$

在现场测设 $P$ 点的步骤：将经纬仪安置于 $M$ 点上，以 $MN$ 为起始边，先用盘左测设角 $\beta$，定出 $MP$ 的方向，然后在 $MP$ 上量取 $S$，即得所求点 $P$。再用盘右重复以上测量过程，精确标出 $P$ 点位置。

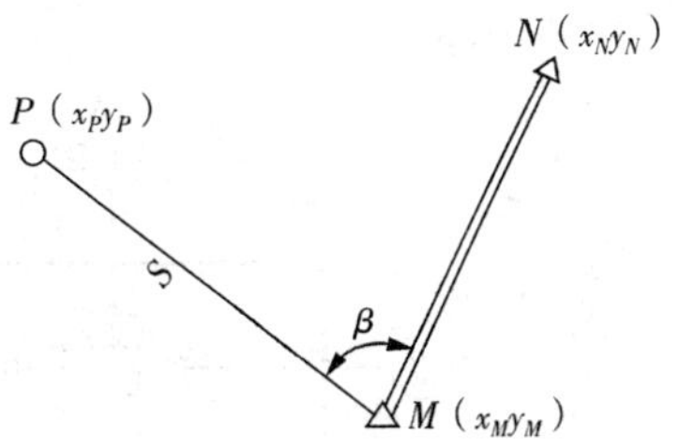

当不计控制点 $M$ 的误差，用极坐标法测定 $P$ 之点位中误差 $m_P$，可按下式进行计算：

$$m_P = \sqrt{\frac{S^2}{\rho^2}m_\beta^2 + m_S^2} \tag{9-9}$$

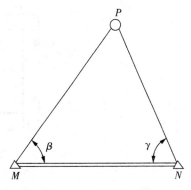

图 9-5　极坐标放线图

式中，$m_\beta$—— 测设 $\beta$ 角度的中误差；

　　　$S$—— 控制点至测定点的距离；

　　　$m_S$—— 测定距离 $S$ 的中误差。

## （三）角度交会法

角度交会法，适用于不便量距或测设点远离控制点的地方。对于一般小型建筑物或管线的定位，亦可采用此法。其原理是：根据在两个以上测站测设角度所定的方向线，交会出点的平面位置。

如图 9-6 所示，用交会法测定点 $P$ 时，先要根据 $P$ 点的坐标与控制点 $M$、$N$ 的坐标，按式（9-9）求出控制点至测定点的坐标方位角 $\alpha_{MP}$、$\alpha_{NP}$，然后再按式（9-7）求出夹角 $\beta$ 及 $\gamma$。

实地测设 $P$ 点的步骤：在控制点 $M$、$N$ 设站，分别测设 $\beta$ 及 $\gamma$ 两角，方向线 $MP$ 和 $NP$ 的交点即为所求的 $P$ 点。

当不计控制点本身的误差，测设点 $P$ 的精度可按下式计算：

图 9-6　角度交会法

$$M_P = \frac{m}{\rho} \times \frac{\sqrt{S_{MP}^2 + S_{NP}^2}}{\sin(\beta + \gamma)} \qquad (9-10)$$

式中，$M_P$——P 点位置的测定中误差；

    $\beta$、$\gamma$—— 交会角；

    $m$—— 测设 $\beta$、$\gamma$ 的测角中误差；

    $S_{MP}$、$S_{NP}$—— 交会边的长度。

### （四）方向线交会法

这种方法的特点是：测定点由相对应的两已知点或两定向点的方向线交会而得。方向线的确定可以用经纬仪（精度高时），也可以用细线绳（低精度时）。

如图 9-7 所示，根据厂房矩形控制网上相对应的柱中心线端点，以经纬仪定向，用方向线交会法测设柱基中心或柱基定位桩。在施工过程中，各柱基中心线则可以随时将相应的定位桩拉上线绳，恢复其位置。此外，在施工放线时，定向点往往投设在龙门板上（图 9-8），在龙门板上标出墙、柱的中心线，可以将龙门板上相对应的方向点拉上白线绳，用以表示墙、柱的中心线。

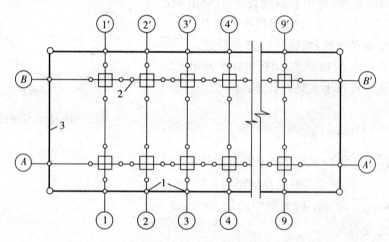

图 9-7　方向线交会图

1—柱中心线端点；2—柱基定位桩；3—厂房控制网

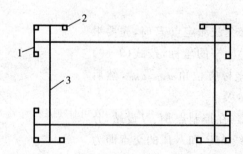

图 9-8　龙门板定点法

1—龙门板；2—龙门桩；3—细线绳

## （五）距离交会法

从控制点至测设点的距离，若不超过测距
尺的长度时，可用距离交会法来测定。其原理
是根据测设的两段距离交会出测设点的平面位
置。如图 9-9 所示，$A$、$B$ 为控制点，$P$ 为待测
点。为了在实地测定 $P$，先应按式(9-6)计算出
$a$、$b$ 的长度。$a$、$b$ 之值也可以直接从图上量取。

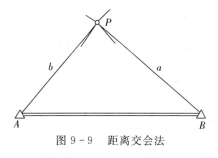

图 9-9　距离交会法

测设时分别以 $A$、$B$ 为中心，$a$、$b$ 为半径，在场地上用钢尺作弧线，两弧的交点即为 $P$。

用距离交会法来测定点位，不需使用仪器，但精度较低。

## （六）正倒镜投点法

### 1. 投测原理

在进行直线投点时，一般是把仪器安置在直线的一端，照准相应的另一端点，进行放线投
点。若直线两端点之间不能直接通视时，则可将仪器置于两端点之间的高处位置，运用正倒
镜法进行投点。此外，在远距离投点时，亦可将仪器置于直线两端点的中间，进行投点。

正倒镜投点法不受地形地物的限制，能解决通视的困难；同时由于使视线缩短，减少了
照准误差和可以不考虑对中误差的影响，因而使投点精度得到提高。

### 2. 测设方法

在图 9-10 中，设 $A$、$C$ 两点不通视，在 $A$、$C$ 两点之间任意选定一点 $B'$，使能与 $A$、$C$ 通
视。$B'$ 应尽量靠近 $AC$ 线。然后在 $B'$ 安置经纬仪，分别以正倒镜照准 $A$，倒转望远镜前视
$C$。由于仪器误差的影响，十字丝之交点不落于 $O$ 点，而分别落于 $O'$、$O''$。为了将仪器移置
于 $AC$ 线上，取 $\frac{1}{2}O'O''$ 定出 $O$ 点，若 $O$ 在 $C$ 之左，则将仪器自 $B'$ 向右移动 $B'B$ 距离，反之亦
然。$B'B$ 按下式计算。

$$BB' = \frac{AB}{AC} \times CO \qquad (9-11)$$

如此重复操作，直到 $O'$ 和 $O''$ 点落于 $C$ 点的两侧，且 $CO'=CO''$ 的时候，仪器就恰好位于
$AC$ 直线上了。

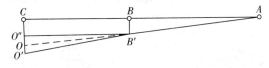

图 9-10　正倒镜投点法

### 3. 注意事项

(1) 按式(9-11)计算 $B'B$ 时，式中各距离值可用目估，经逐次移动，多次观测，使仪器
逐渐趋近 $AC$ 线而最后正好位于 $AC$ 线上；

(2) 在 $B'$ 点初次安置仪器时应先试看，使 $A$、$C$ 点均落在望远镜十字丝的左右，这样在
逐次趋近移动时，只需在脚架上移动仪器即可；

(3) 所使用的经纬仪必须经过检验校正，以尽量减小或消除正倒镜的误差。但仪器一

般很难校正完善,因此投点时一定要用正倒镜取中定点,以消除仪器误差的影响。

## 四、地面点高程位置的测设

### (一)地面上点的高程测设

在进行施工测量时,经常要在施工场地的周边测设出一定高程的点。如图9-11所示,设 $B$ 为待测点,其设计高程为 $H_B$,$A$ 为水准点,已知其高程为 $H_A$。为了将设计高程 $H_B$ 测定于 $B$,安置水准仪于 $A$、$B$ 之间,先在 $A$ 点立尺,读得后视读数为 $a$,然后在 $B$ 点立尺。为了使 $B$ 点的标高等于设计高程 $H_B$,升高或降低 $B$ 点上所立之尺,使前视尺之读数等于 $b$。$b$ 可按下式计算:

$$b = H_A + a - H_B \tag{9-12}$$

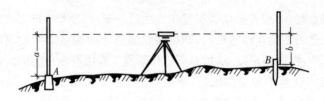

图9-11　高程测设示意

所测出的高程通常用木桩固定下来,或将设计高程标志在永久性建筑物的墙上。即当前尺读数等于 $b$ 时,沿尺底在桩的侧面或墙上画线。当高程测设的精度要求较高时,可在木桩的顶面旋入螺钉作为测标,拧入或退出螺钉,可使测标顶端达到所要求的高程。

### (二)高程传递

#### 1. 用水准测量法传递高程

当开挖较深的基槽或将高程引测到建筑物的上部,可用水准测量传递高程。图9-12是向低处传递高程的情形。现场测设方法是:在坑边架设一吊杆,从杆顶向下挂一根钢尺(钢尺0点在下),在钢尺下端吊一重锤,重锤的重量应与检定钢尺时所用的拉力相同。为了将地面水准点 $A$ 的高程 $H_A$ 传递到坑内的临时水准点 $B$ 上,在地面水准点和基坑之间安置水准仪,先在 $A$ 点立尺,测出后视读数 $a$,然后前视钢尺,测出前视读数 $b$。接着将仪器搬

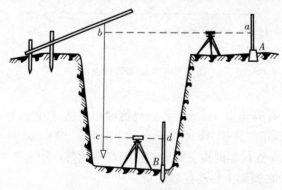

图9-12　高程传递法

到基坑内,测出钢尺上后视读数 $a$ 和 $B$ 点前视读数 $d$。则基坑内临时水准点 $B$ 之高程 $H_B$ 按下式计算:

$$H_B = H_A + a - (b - c) - d \qquad (9-13)$$

式中 $(b-c)$ 为通过钢尺传递的高差,如高程传递的精度要求较高时,对 $(b-c)$ 之值应进行尺长改正及温度改正。当需要由地面向高处传递高程时,也可以采用同样方法进行。

### 2. 用钢尺直接丈量垂直高度传递高程

若开挖基槽不太深时,可设置垂直标板,将高程引测到标板上,然后用钢尺向下丈量垂直高度,将设计标高直接画在标板上,既方便施工,又易于检查。当需要向建筑物上部传递高程时,可根据柱、墙下部已知的标高点沿柱或墙边向上量取垂直高度,而将高程传递上去。

## 五、测设已知坡度

在道路、排水沟渠、上下水管道等工程施工时,往往要按一定的设计坡度进行施工,这时需要在地面上测设坡度线。如图 9-13 所示,$A$、$B$ 为地面上两点,要求沿 $AB$ 测设一条坡度线。设计坡度为 $i$,$AB$ 之间的距离为 $L$,$A$ 点的高程为 $H_A$。为了测出坡度线,首先应根据 $A$、$B$ 之间的距离 $L$ 及设计坡度 $i$ 计算 $B$ 点的高程 $H_B$。

$$H_B = H_A + i \times L$$

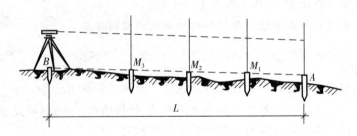

图 9-13　倾斜线测设

然后按前述地面上点的高程测设方法,将算出的 $H_B$ 值测定于 $B$ 点。$A$、$B$ 之间的 $M_1$、$M_2$、$M_3$ 各点则可以用经纬仪或水准仪来测定。如果设计坡度比较平缓时,可以使用水准仪来设置倾斜线。方法是:将水准仪安置于 $B$ 点,使一个脚螺旋在 $BA$ 线上,另外两个脚螺旋之连线垂直于 $BA$ 线,旋转在 $BA$ 线上的那个脚螺旋,使立于 $A$ 点的水准尺上的读数等于 $B$ 点的仪器高,此后在 $M_1$、$M_2$、$M_3$ 各点打入木桩,使立尺于各桩上时其尺上读数皆等于仪器高,这样就在地面上测出了一条倾斜线。对于坡度较大的倾斜线,则应采用经纬仪来测设。将仪器安置于 $B$,纵转望远镜,对准 $A$ 点水准尺上等于仪器高的地方。其他步骤与水准仪的测法相同。

模块十　建筑施工测量

## 模块概述

工程建设中,在规划设计、建筑施工、运营管理等阶段都要进行有关的测量工作,施工过程中所进行的测量工作,称为施工测量。其主要任务是根据地面控制点引测建筑物的控制点或轴线,进一步确定建筑施工的界线和标准,然后根据施工图进行基础工程的施工测量、轴线的投测、高程的传递等测量工作。本模块重点讲解民用建筑中的一般建筑物、高层建筑定位与放线方法,同时,针对工业建筑重点介绍安装测量方法以及激光定位技术在施工测量中的应用。

## 知识目标

◆ 掌握建筑施工测量的目的、内容、特点及基本方法。
◆ 掌握一般建筑与高层建筑的定位放线、施工放线原理和方法。
◆ 掌握基础工程测量、墙体工程测量等方法。
◆ 掌握工业建筑施工测量的原理和构件安装测量的方法。

## 技能目标

◆ 能够根据施工图进行一般建筑高层建筑物的施工放线测量。
◆ 能够根据施工图进行基础工程的施工测量,轴线的投测,高程的传递。
◆ 能够根据施工图进行工业建筑构件的安装测量工作。
◆ 能够对测量得到的数据,进行正确的计算和处理。

## 素质目标

◆ 培养学生严谨的工作作风和态度。
◆ 培养学生相互配合相互协作的团队精神。

## 课时建议

8 学时

# 项目一　施工测量概述

在施工场地上,建立统一的平面控制网和高程控制网,目的在于保证建(构)筑物在平面和高程上都能符合设计要求,互相连成统一的整体,然后以此控制网为基础,测设出建

（构）筑物和构筑物主要轴线。平面控制网的布设应根据总平面图设计和建筑场地的地形条件确定。对于丘陵地区常用三角测量方法建立控制网；对于地形平坦地区可采用导线网；对于面积较小的居住建筑区，常布置一条或几条建筑轴线组成简单的图形；而对于建筑物多，并且布局比较规则和密集的工业场地，由于建筑物一般为矩形而且多沿着两个互相垂直的方向布置，因此，为使建筑物定位放线工作方便并易于保证精度，控制网一般都采用格网形式，即通常所说的建筑方格网。在一般情况下，建筑方格网各点也同时作为高程控制点，在工业与民用建筑施工区域使用最多的为四等水准，甚至有些情况也可用普通水准测量。

## 一、施工测量的目的和内容

施工测量的目的是把设计好的建（构）筑物平面位置和高程位置，按设计要求依据一定的精度要求测设在地面上，作为施工的依据。并在施工过程中进行一系列的测量工作，以衔接和指导各工序的施工。

施工测量工作贯穿于整个施工过程中。从场地平整、建筑物定位、基础施工，到建筑物构件的安装，有些工程竣工后，要进行竣工测量，有些高大或特殊的建筑物建成后，还要定期进行变形观测。

施工测量的主要内容：建立施工控制网，建筑物、构筑物的详细放样，检查、验收，变形观测。

## 二、施工测量的特点

测绘地形图是将地面上的地物、地貌测绘在图纸上，而施工放样则和它相反，是将设计图纸上的建筑物、构筑物按其设计位置测设到相应的地面上。

测设精度的要求取决于建筑物或构筑物的大小、材料、用途和施工方法等因素。一般高层建筑物的测设精度应高于低层建筑物，钢结构厂房的测设精度应高于钢筋混凝土结构厂房，装配式建筑物的测设精度应高于非装配式建筑物。

施工测量工作与工程质量及施工进度有着密切的联系。

各种测量标志必须埋设稳固且在不易破坏和便于引测的位置。

## 三、施工测量的原则

遵循"从整体到局部，先控制后碎部"、"边工作，边检核"等原则，即先在施工现场建立统一的平面控制网和高程控制网，然后以此为基础，测设出各个建筑物和构筑物的位置。

施工测量的检核工作也很重要，必须采用各种不同的方法加强对外业和内业的检核。

## 四、准备工作

在施工测量之前，应建立健全的测量组织和检查制度。并核对设计图纸，检查总尺寸和细部尺寸是否一致，总平面图和节点详图上的尺寸是否一致，不符之处要向设计单位提出，进行修正确认。然后对施工现场进行实地踏勘，根据实际情况编制测设计划和绘制测设详图，计算测设数据。对施工测量所使用的仪器和工具应进行检验、校正，否则不能使用。工作中必须注意人身和仪器的安全,特别是在高空和危险地区进行测量时,必须采取相应的防护措施。

# 项目二　建筑施工控制测量

在勘测阶段已建立了控制网,但是由于它是为测图而建立的,没有考虑施工的要求,控制点的分布、密度和精度,都难以满足施工测量的要求。另外,由于平整场地控制点大多被破坏。因此,在施工之前,建筑场地上要重新建立专门的施工控制网。

在大中型建筑施工场地上,施工控制网多用正方形或矩形格网组成,称为建筑方格网。在面积不大又不十分复杂的建筑场地上,常布置一条或几条基线,作为施工测量的平面控制,称为建筑基线。

## 一、建筑方格网

### (一)建筑方格网的坐标系统

在设计和施工部门,为了工作上的方便,常采用一种独立坐标系统,称为施工坐标系或建筑坐标系。施工坐标系的纵轴通常用 $A$ 表示,横轴用 $B$ 表示,施工坐标也用 $A$、$B$ 坐标。

施工坐标系的 $A$ 轴和 $B$ 轴,应与厂区主要建筑物或主要道路、管线方向平行。坐标原点设在总平面图的西南角,使所有建筑物和构筑物的设计坐标均为正值。施工坐标系与国家测量坐标系之间的关系,可用施工坐标系原点的测量系坐标来确定。在进行施工测量时,上述数据由勘测设计单位给出。

### (二)建筑方格网的布设

#### 1. 建筑方格网的布置和主轴线的选择

建筑方格网的布置,应根据建筑设计总平面团上各建筑物、构筑物、道路及各种管线的布设情况,结合现场的地形情况拟定。布置时应先选定建筑方格网的主轴线,然后再布置方格网。方格网的形式可布置成正方形或矩形。当场区面积较大时,常分两级。首级可采用"十"字形、"口"字形或"田"字形,然后再加密方格网。当场区面积不大时,尽量布置成全面方格网。

布网时,方格网的主轴线应布设在厂区的中部,并与主要建筑物的基本轴线平行。方格网的折角应严格成 90°。方格网的边长一般为 100 ~ 200m;矩形方格网的边长视建筑物的大小和分布而定,为了便于使用,边长尽可能为 50m 或它的整倍数。方格网的边应保证通视且便于测距和测角,点依标石应能长期保存。

#### 2. 确定主点的施工坐标

建筑方格网的主轴线,它是建筑方格网扩展的基础。当场区很大时,主轴线很长,一般只测设其中的一段,主轴线的定位点,称主点。主点的施工坐标一般由设计单位给出,也可在总平面图上用图解法求得一点的施工坐标后,再按主轴线的长度推算其他主点的施工坐标。

#### 3. 求算主点的测量坐标

当施工坐标系与国家测量坐标系不一致时在施工方格网测设之前,应把主点的施工坐标换算为测量坐标,以便求算测设数据。

$$x_P = x_0' + A_P \cdot \cos\alpha - B_P \cdot \sin\alpha \qquad (10-1)$$

$$y_P = y_0' + A_P \cdot \sin\alpha + B_P \cdot \cos\alpha \qquad (10-2)$$

## 二、建筑基线

建筑基线的布置是根据建筑物的分布、场地的地形和原有控制点的状况而选定的。建筑基线应靠近主要建筑物,并与其轴线平行,以便采用直角坐标法进行测设,通常可布置几种形式。为了便于检查建筑基线点有无变动,基线点数不应少于三个。

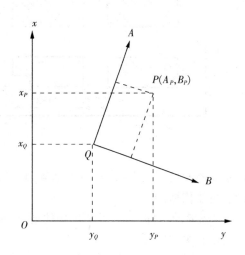

图 10-1　施工与测图坐标系的关系

## 三、测设工作的高程控制

在建筑场地上,水准点的密度应尽可能满足安置一次仪器即可测设出所需的高程点。而测绘地形图时敷设的水准点往往是不够的,因此,还需增设一些水准点。在一般情况下,建筑方格网点也可兼作高程控制点。只要在方格网点桩面上中心点旁边设置一个突出的半球状标志即可。

在一般情况下,采用四等水准测量方法测定各水准点的高程,而对连续生产的车间或排水管道等,则需采用三等水准测量的方法测定各水准点的高程。

# 项目三　　民用建筑施工测量

民用建筑指的是住宅、办公楼、食堂、俱乐部、医院和学校等建筑物。施工测量的任务是按照设计的要求,把建筑物的位置测设到地面上,并配合施工以保证工程质量。

## 一、测设前的准备工作

(1)熟悉图纸。设计图纸是施工测量的依据,在测设前,应熟悉建筑物的设计图纸,了解施工的建筑物与相邻地物的相互关系,以及建筑物的尺寸和施工的要求等。测设时必须具备下列图纸资料。

总平面图是施工测设的总体依据,建筑物就是根据总平面图上所给的尺寸关系进行定位的。

建筑平面图,给出建筑物各定位轴线间的尺寸关系及室内地坪标高等。

基础平面图,给出基础轴线间的尺寸关系和编号。

基础详图(即基础大样图),给出基础设计宽度、形式及基础边线与轴线的尺寸关系。

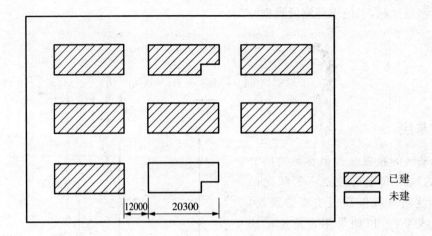

图 10-2 建筑总平面图

在立面图和剖面图中,分别给出基础、地坪、门窗、楼板、屋架和屋面等设计高程,是高程测设的主要依据。

(2)现场踏勘,目的是为了解现场的地物、地貌和原有测量控制点的分布情况,并调查与施工测量有关的问题。

(3)平整和清理施工现场,以便进行测设工作。

(4)拟定测设计划和绘制测设简图,对各设计图纸的有关尺寸及测设数据应仔细核对,以免出现差错。

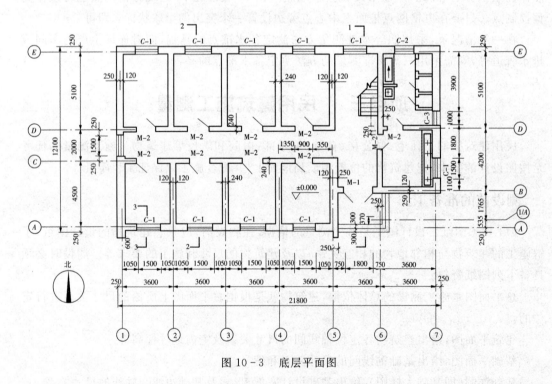

图 10-3 底层平面图

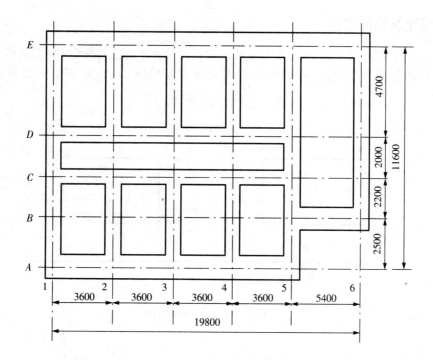

图 10 - 4　基础平面图

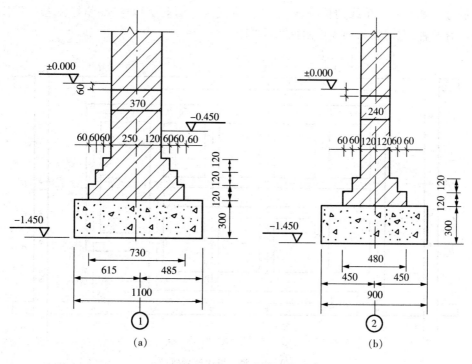

图 10 - 5　基础剖面图

## 二、民用建筑物的定位

建筑物的定位,是将建筑物外廓各轴线交点测设在地面上,然后再根据这些点进行细部放样。测设时,如现场已有建筑方格网或建筑基线时,可直接采用直角坐标法进行定位。

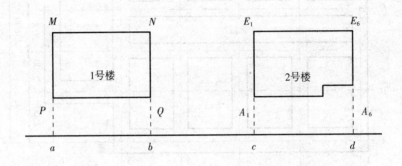

图 10-6 建筑物的定位

## 三、龙门板和轴线控制桩的设置

建筑物定位以后,所测设的轴线交点桩(或称角桩),在开挖基础时将被破坏。施工时为了能方便地恢复各轴线的位置,一般是把轴线延长到安全地点,并作好标志。延长轴线的方法有两种:龙门板和轴线控制桩法(图 10-7)。

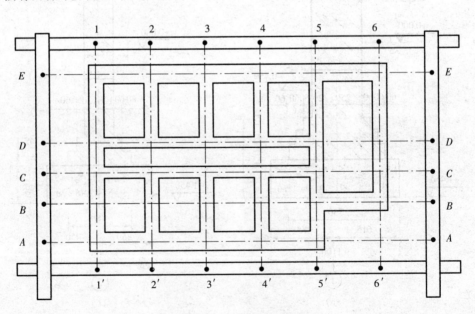

图 10-7 龙门板法设置轴线

龙门板法适用于一般小型的民用建筑物,为了方便施工,在建筑物四周转角与隔墙两端基槽开挖边线以外约 1.5～2m 处钉设龙门桩。桩要钉得竖直、牢固,桩的外侧面与基槽平行。根据建筑场地的水准点,用水准仪在龙门桩上测设建筑物 ±0.000 标高线。根据 ±0.000 标高线把龙门板钉在龙门桩上,使龙门板的顶面在一个水平面上,且与 ±0.000 标高线一致。用经纬仪将各轴线引测到龙门板上。

轴线控制桩设置在基槽外基础轴线的延长线上,作为开槽后各施工阶段确定轴线位置的依据。轴线控制桩离基础外边线的距离根据施工场地的条件而定。如果附近有已建的建筑物,也可将轴线投设在建筑物的墙上。为了保证控制桩的精度,施工中往往将控制桩与定位桩一起测设,有时先控制桩,再测设定位桩(图 10-8)。

## 四、基础施工的测量工作

基础开挖前,根据轴线控制桩(或龙门板)的轴线位置和基础宽度,并顾及基础挖深应放坡的尺寸,在地面上用白灰放出基槽边线(或称基础开挖线)。

开挖基槽时,不得超挖基底,要随时注意挖土的深度,当基槽挖到离槽底 0.300～0.500m 时,用水准仪在槽壁上每隔 2～3m 和转角处钉一个水平桩(图 10-9),用以控制挖槽深度及作为清理槽底和铺设垫层的依据。

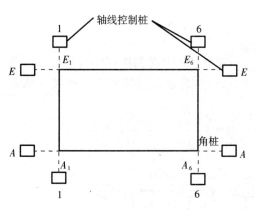

图 10-8　轴线控制桩法设置轴线

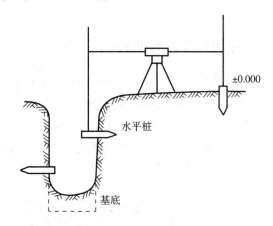

图 10-9　基础深度施工测量

## 五、复杂民用建筑物施工测量

近年来,随着旅游建筑、公共建筑的发展,在施工测量中经常遇到各种平面图形比较复杂的建筑物和构筑物,例如圆弧形、椭圆形、双曲线形和抛物线形等。测设这样的建筑物,要根据平面曲线的数学方程式,根据曲线变化的规律,进行适当的计算、求出测设数据。然后按建筑设计总平面图的要求,利用施工现场的测量控制点和一定的测量方法,先测设出建筑物的主要轴线,根据主要轴线再进行细部测设。测设椭圆的方法有:

### (一)直接拉线法(图 10-10)

### (二)四心圆法

先在图纸上求出四个圆心的位置和半径值,再到实地去测设。

实地测设时,椭圆可当成四段圆弧进行测设。

## （三）坐标计算法

通过椭圆中心建立直角坐标系,椭圆的长、短轴即为该坐标系的 $x$、$y$ 轴(图 10 - 11)。

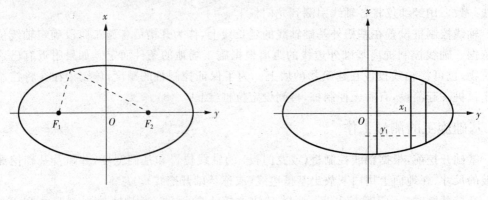

图 10 - 10　直接拉线椭圆放样　　　　图 10 - 11　直角坐标法椭圆放样

# 项目四　工业厂房施工测量

## 一、柱列轴线的测设

检查厂房矩形控制网的精度符合要求后,即可根据柱间距和跨间距用钢尺沿矩形网各边量出各轴线控制桩的位置,并打入大木桩,钉上小钉,作为测设基坑和施工安装的依据(图 10 - 12)。

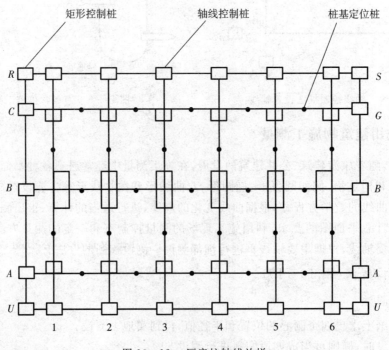

图 10 - 12　厂房柱轴线放样

## 二、柱基的测设(图 10 - 13)

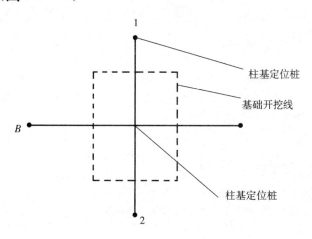

图 10 - 13　基础放样

柱基测设就是根据基础平面图和基础详图中的有关尺寸,把基坑开挖的边线用白灰撒在相应的地面上,以便基坑开挖,在进行柱基测设时,应注意:定位轴线不一定都是基础中心线,有时一个厂房的柱基类型不一,尺寸各异,放样时应特别注意轴线、中心线的位置(图 10 - 14)。

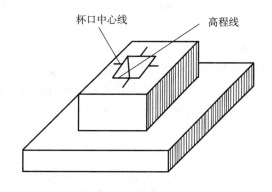

图 10 - 14　投测柱列轴线

## 三、基坑的高程测设

当基坑挖到一定深度时,应在坑壁四周离坑底设计高程 0.3 ～ 0.5m 处设置一定数量的水平桩,作为基坑放坡和控制基底高程依据。

此外还应在基坑内测设出垫层的高程位置,即在坑底设置小木桩,使桩顶面恰好等于垫层的设计高程。

## 四、基础模板的定位

垫层施工之后,根据坑边定位木桩上的标记点,用拉线的方法,吊垂球把柱基定位线投到垫层上,用墨斗弹出墨线,并用红漆画出标记,作为桩基支模板和布置基础钢筋网的依据。支模时,将模板底线对准垫层上的定位线,并用垂球检查模板是否竖直。最后将桩基顶面设计高程测设在模板内壁。

## 五、工业厂房构件的安装测量

装配式单层工业厂房主要由柱、吊车梁、屋架、天窗架和屋面板等主要构件组成。在吊装每个构件时,有绑扎、起吊、就位、临时固定、校正和最后固定等操作工序。以下主要介绍柱子、吊车梁及吊车轨道等构件在安装时的校正工作。

### (一)柱子安装测量

#### 1. 柱子安装的精度要求

(1)柱脚中心线应对准柱列轴线,允许偏差为 ±5mm。

(2)牛腿面的高程与设计高程一致,其误差不应超过:柱高在 5m 以下为 ±5mm;柱高在 5m 以上为 ±8mm。

(3)柱的全高竖向允许偏差值为 1/1000 柱高,但不应超过 20mm。

#### 2. 吊装前的准备工作

柱子吊装前,应根据轴线控制桩,把定位轴线投测到杯形基础的顶面上,并用红油漆画上"▲"符号以表示轴线位置。同时还要在杯口内壁,测出一条高程线,从高程线起向下量取一整分米数即到杯底的设计高程。

在柱子的三个侧面弹出柱子中心线,每一面又需分为上、中、下三点,并画小三角形"▲"标志,以便安装校正。

#### 3. 柱高的检查与杯底找平

柱子在预制时,由于模板制作和模板变形等原因,不可能使柱子的实际尺寸与设计尺寸一样,为了解决这个问题,往往在浇注基础混凝土时把杯形基础底面高程降低 2～5cm,然后用钢尺从牛腿顶面沿柱边量到柱底,根据这根柱子的实际长度,用 1：2 水泥砂浆在杯底进行找平,使牛腿面符合设计高程。

#### 4. 安装柱子时的垂直校正

柱子插入杯口后,首先应使柱身基本竖直,再令其侧面所弹的中心线与基础轴线重合。用木楔或钢楔初步固定,然后进行竖直校正。校正时用两架经纬仪分别安置在往基纵横轴线附近,离柱子的距离约为柱高的 1.5 倍。先瞄准柱子中心线的底部,然后固定照准部,再仰视柱子中心线顶部。如重合,则柱子在这个方向上就是竖直的。如果不重合,应进行调整,直到柱子两个侧面的中心线都竖直为止(图 10 - 15)。

由于纵轴方向上柱距很小,通常把仪器安置在纵轴的一侧,在此方向上,安置一次仪器可校正数根柱子。

#### 5. 柱子校正时应注意的问题

(1)所使用的经纬仪应经过严格检校,因为校正柱子垂直时,往往可能只用盘左或盘右观测,仪器误差影响很大,操作时还应注意使照准部水准管气泡严格居中。

(2)柱子在两个方向的垂直度都校正好后,应再复查平面位置,看柱子下部的中线是否仍对准基础的轴线。

(3)当校正变截面的柱子时,经纬仪必需放在轴线上校正,否则容易产生差错。

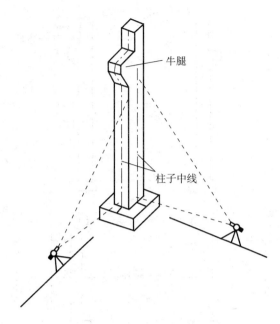

牛腿

柱子中线

图 10-15　柱垂直校正

　　(4) 在阳光照射下校正柱子垂直度时,要考虑温度影响,因为柱子受太阳照射后,柱子向阴面弯曲,使柱顶有一个水平位移。为此应在早晨或阴天时校正。

　　(5) 当安置一次仪器校正几根柱子时,仪器偏离轴线的角度值最好不超过15°。

**(二) 吊车梁的安装测量**

　　安装前先弹出吊车梁顶面中心线和吊车梁两端中心线,要将吊车轨道中心线投到牛腿面上。然后分别安置经纬仪于吊车轨中线的一个端点上,瞄准另一端点,仰起望远镜,即可将吊车轨道中线投测到每根柱子的牛腿面上并弹以墨线。然后,根据牛腿面的中心线和梁端中心线,将吊车梁安装在牛腿上。吊车梁安装完后,应检查吊车梁的高程,可将水准仪安置在地面上,在柱子侧面测设+50cm的标高线,再用钢尺从该线沿柱子侧面向上量出至梁面的高度,检查梁面标高是否正确,然后在梁下用铁板调整梁面高程,使之符合设计要求。

**(三) 吊车轨道安装测量**

　　安装吊车轨道前,须先对梁上的中心线进行检测,此项检测多用平行线法。首先在地面上从吊车轨中心线向厂房中心线方向量出长度。然后安置经纬仪于平行线一端点上,瞄准另一端点,固定照准部,仰起望远镜投测。此时另一人在梁上移动横放的木尺,当视线正对准尺上一米刻划时,尺的零点应与梁面上的中线重合。如不重合应予以改正,可用撬杠移动吊车梁。

　　吊车轨道按中心线安装就位后,可将水准仪安置在吊车梁上,水准尺直接放在轨顶上进行检测,每隔3m测一点高程,与设计高程相比较,误差应在±3mm以内。还要用钢尺检查两吊车轨道间跨距,与设计跨距相比较,误差不得超过±5mm。

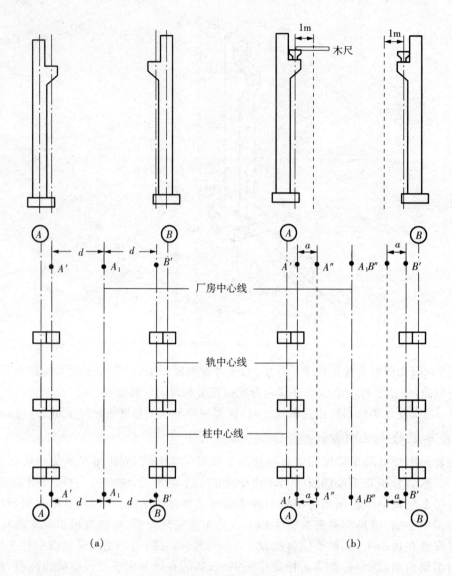

图 10-16 吊车梁吊车轨道安装

# 项目五 高层建筑物的轴线投测和高程传递

## 一、高层建筑物的轴线投测

高层建筑物施工测量中的主要问题是控制竖向偏差,也就是各层轴线如何精确地向上引测的问题。《钢筋混凝土高层建筑结构设计与施工规定》中指出:竖向误差在本层内不得超过 5mm,全楼的累积误差不得超过 20mm。

高层建筑物轴线的投测,一般分为经纬仪引桩投测法和激光铅垂仪投测法两种。

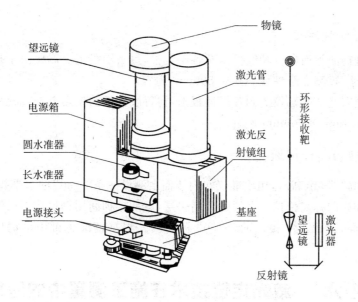

图 10-17 DJ₃ 激光垂直仪

## （一）经纬仪引桩投测法

1. 选择中心轴线
2. 向上投测中心轴线
3. 增设轴线引桩

当楼房逐渐增高,而轴线控制桩距建筑物又较近时,望远镜的仰角较大,操作不便,投测精度将随仰角的增大而降低。为此,要将原中心轴线控制桩引测到更远的安全地方,或引测到附近永久性高层建筑物的屋顶上。

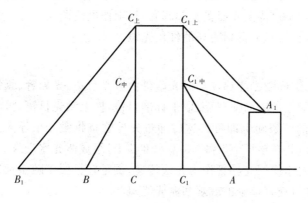

图 10-18　经纬仪引桩投测

4. 应注意的问题

经纬仪一定要经过严格检校才能使用,尤其是照准部水准管轴应严格垂直于竖轴,作业时要仔细整平。

为了减小外界条件(如强光和大风等)的不利影响,投测工作在阴天及无风天气进行为宜。

## （二）激光铅垂仪投测法

为了把建筑物的平面定位轴线投测至各层上去，每条轴线至少需要两个投测点。根据梁、柱的结构尺寸，投测点距轴线 500 ～ 800mm 为宜。

为了使激光束能从底层投测到各层楼板上，在每层楼板的投测点处，需要预留孔洞，洞口大小一般在 300mm × 300mm 左右。

## 二、高层建筑物的高程传递

首层墙体砌到 1.5m 高后，用水准仪在内墙面上测设一条"＋50"的水平线，作为首层地面施工及室内装修的标高依据。以后每砌高一层，就从楼梯间用钢尺从下层的"＋50"标高线，向上量出层高，测出上一楼层的"＋50"标高线。根据情况也可用吊钢尺法向上传递高程。

# 项目六　　激光定位技术在施工测量中的应用

激光定位仪器主要由氦氖激光器和发射望远镜构成。这种仪器提供了一条空间可见的红色激光束。该光束发散角很小，可成为理想的定位基准线。如果配以光电接收装置，不仅可以提高精度，还可在机械化自动化施工中进行动态导向定位。基于这些优点，所以激光定位仪器得到了迅速发展，相继出现了多种激光定位仪器。

## 一、激光定位仪器

### （一）激光水准仪

使用激光水准仪时，首先按水准仪的操作方法安置，整平仪器，并瞄准目标。然后接好激光电源，开启电源开关，待激光器正常起辉后，将工作电流调至 5mA 左右，这时将有强的激光输出，在目标上得到明亮的红色光斑。

### （二）激光经纬仪

光学经纬仪上，组成激光经纬仪。激光附件由激光目镜、光导管、氦氖激光器和激光电源组成。换装激光附件比较简便，只要取下标准目镜，换上激光目镜，再将激光器和激光电源分别装在三脚架的两条腿上即可。这时通过光导管就将激光束导入望远镜发射系统。这种激光附件还可以装在该厂 N2 和 N3 型水准仪上，组成激光水准仪。

这种激光装置由于使用光导管作为光线传递，重量轻且便于随望远镜转动瞄准任意目标，还可通过望远镜目镜直接瞄准或观察激光光斑。

### （三）激光铅垂仪

激光铅垂仪是一种专用的铅直定位仪器，适用于高烟筒、高塔架和高层建筑的铅直定位测量。

将仪器对中、整平后，接通激光电源，起辉激光器，便可铅直发射激光束。

## （四）激光平面仪

激光平面仪主要由激光准直器、转镜扫描装置、安平机构和电源等部件组成。激光准直器竖直地安置在仪器内。激光束沿五角棱镜旋转轴入射时，出射光束为水平光束；当五角棱镜在电机驱动下水平旋转时，出射光束成为激光平面，可以同时测定扫描范围内任意点的高程。

# 二、激光定位仪器的应用

激光定位仪器可以提供可见的空间基准线或基准面，施工人员可主动地进行定位工作，它具有直观、精确、高效率等优点，尤其在明暗或夜间作业更显示其优越性。如把光电接收靶和白控装置装在一起，还可实现动态定位或自动导向。

## （一）利用激光水准仪为自动化顶管施工进行动态导向

目前一些大型管道施工，经常采用自动化顶管施工技术，不仅减小了劳动强度，还可以加快掘进速度，是一种先进的施工技术。将激光水准仪安置在工作坑内，按照水准仪操作方法，调整好激光束的方向和坡度，用激光束监测顶管的掘进方向。在掘进机头上装置光电接收靶和自控装置。当掘进方向出现偏位时，光电接收靶便给出偏差信号，并通过液压纠偏装置自动调整机头方向，继续掘进。

## （二）激光铅垂仪用于高层建筑物的铅直定位

高层建筑的施工，可采用激光铅垂仪向上投测地面控制点。首先将激光铅垂仪安置在地面控制点上，进行严格对中，整平，接通激光电源，起辉激光器，即可发射出铅直激光基准线，在楼板的预留孔上放置绘有坐标网的接收靶，激光光斑所指示的位置，即为地面控制点的铅直投影位置。

## （三）利用激光平面仪进行建筑装饰

使用时，自动安平激光平面仪安置在三脚架上，调节基座螺旋使圆水准器居中（即仪器粗平），将激光电源开关拨至 ON，几秒钟后即自动产生激光水平面。此时，手持受光器在持测面上上下移动，当受光板接收到的水平面激光束的光信号高（或低）于所选择的受光感应灵敏度，液晶显示屏上则显示出指示受光器移动方向的提示符"↑"或"↓"），按提示符移动受光器，当接收的光信号正好处于预选的灵敏范围内，则液晶显示屏上显示出一条水平面位置指示线"—"。此时即可用记号笔沿光器右侧上的凹槽（即水平面指示线"—"位置）在待测面上做出标记。

## 模块概述

线路工程是指长宽比很大的工程,包括铁路、公路、供水明渠、输电线路、各种用途的管道工程等。这些工程的主体一般是在地表,但也有在地下的,还有的在空中,如地铁、地下管道、架空索道和架空输电线路等。随着社会的发展,地下工程会越来越多。当线路工程遇到障碍物时,要采取不同的工程手段来解决,如遇山打隧道,过江河峡谷架桥梁等。线路工程建设过程中需要进行的测量工作,称为线路工程测量,简称线路测量。

本模块主要介绍线路测量的内容和要求,路基路面工程施工放样,桥梁、涵洞施工测量的内容和方法。

## 知识目标

◆ 了解中线测量、竖曲线的测设的原理。
◆ 掌握路基、路面施工放样;桥、涵施工测量的方法。

## 技能目标

◆ 掌握测设中线各交点(JD)和转点(ZD)、量距和钉桩、测量线路各转角($\alpha$)实测方法。
◆ 道路工程在线路转折处加测圆曲线(缓和曲线)实际操作方法。

## 素质目标

◆ 培养学生独立思考和实际操作能力。
◆ 培养学生相互协作的团队精神。

## 课时建议

4 学时

# 项目一　　中线测量

线路工程的中心线是由直线和曲线构成的。如图 11-1 所示,中线测量就是将线路工程的中心线(简称中线)标定在地面上,并测出里程。其主要内容包括:测设中线各交点(JD)、转点(ZD)、量距和钉桩、测量线路各转角($\alpha$)。道路工程还需在线路转折处加测圆曲线(缓和曲线)。

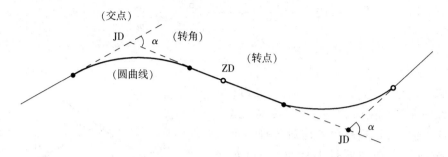

图 11-1　中线及其控制点

# 一、交点和转点的测设

## (一)交点的测设

线路转折点又称为交点,工程上用 JD 表示,交点是中线测量的控制点。对于低等级公路,在地形条件不复杂时,一般根据技术标准,结合地形、地貌等条件,直接在现场标定交点;而对于高等级公路或地形复杂的地段,则先在实地布设导线,测绘大比例尺带状地形图,经方案比较后在图上定出路线,然后采用穿线交点法或拨角放线法将交点标定在地面上。

### 1. 穿线交点法

利用测图导线点与图上定线之间的角度和距离关系,将中线的直线段测设于地上,然后将相邻直线延长相交,定出交点。测设程序如下:

步骤一:放点。如图 11-2,$P_1$、$P_2$、$P_3$、$P_4$ 为图上定线得到的某直线段欲放的临时点。即是图上就近导线点 3、4、5、6 作导线边的垂线与线段相交所得临时点。用比例尺量取支距 $L_1$、$L_2$、$L_3$、$L_4$,然后在现场以相应导线点为垂足,用方向架定垂线方向,用皮尺量出支距,即可放出相应的临时点。为了检查和比较,一条直线需放出三个以上的临时点,这些点应选在地势高、通视好、离导线点近、便于测没的地方。

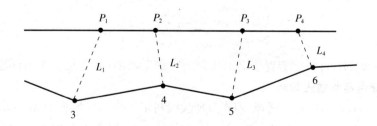

图 11-2　穿线交点法放样点位

步骤二:穿线。由于存在测量误差,直线各点放于地面后,一般都不在同一条直线上,如图 11-3。这时可根据现场实际情况,采用目估法穿线或经纬仪视准法穿线,定出一条尽可能多地穿过或靠近临时点的 AB 直线。最后,在 AB 或其方向线上打下两个以上的转点桩(ZD),然后取消临时桩点。

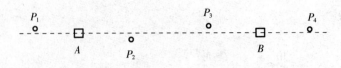

图 11-3　穿线

步骤三：交点。如图 11-4 所示，在 $ZD_2$ 上安置经纬仪，盘左瞄准 $ZD_1$ 点，纵转望远镜后沿视线方向于 JD 概略位置前后各打一个木桩。按视线方向在两桩上标出 $a_1$ 和 $b_1$ 点。盘右再瞄准 $ZD_1$ 点，纵转望远镜在两桩上又标出 $a_2$ 和 $b_2$ 点。分别取 $a_1$ 与 $a_2$ 中点 $a$，$b_1$ 与 $b_2$ 的中点 $b$，并以小钉标定，用细线将 $a$、

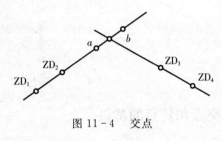

图 11-4　交点

$b$ 两点连接。这种以盘左、盘右延长直线的方法称为正倒镜分中法。将仪器置于 $ZD_3$ 点，瞄准 $ZD_4$ 点，纵转望远镜，在视线与 ab 细线相交处打下木桩，然后用正倒镜分中法在桩顶上定出交点(JD)位置。

### 2. 拨角放线法

先在地形图上确定交点坐标，反算相邻交点间的直线长度、坐标方位角和转角。然后在实地将仪器置于中线起点或已确定的交点上，拨出转角，测设直线长度，依次定出各交点位置。

## (二) 转点的测设

为测角和量距需要，当相邻两交点互不通视时，应在其连线或延线上测定一点或数点，称为转点(ZD)。

### 1. 在两交点间设转点

如图 11-5，设 $JD_5$、$JD_6$ 互不通视，$ZD'$ 为粗定的转点。为了检查 $ZD'$ 是否在两交点连线上，将经纬仪置于 $ZD'$，用正倒镜分中法延长直线 $JD_5-ZD'$ 至 $JD_6'$。设 $JD_6'$ 至 $JD_6$ 的偏距为 $f$，用视距法测定距离 $a$、$b$，则 $ZD'$ 横向移动的距离 $e$ 应为：

$$e = \frac{a}{a+b} \cdot f$$

将 $ZD'$ 横移 $e$ 至 ZD，再将仪器置于 ZD，按以上方法逐渐趋近，直至 $f$ 在容许范围为止。

### 2. 在两交点延长线上设转点

如图 11-6，$JD_8$、$JD_9$ 互不通视，$ZD'$ 为延长线初定转点。仪器置于 $ZD'$，盘左瞄准 $JD_8$，在 $JD_9$ 处定出一点；盘右瞄准 $JD_8$，在 $JD_9$ 处又定出一点，取两点的中点得 $JD_9'$。设 $JD_9'$ 与 $JD_9$ 的偏距为 $f$，用视距法测定 $a$、$b$，则 $ZD'$ 横移距离 $e$ 应为：

$$e = \frac{a}{a-b} \cdot f$$

将 $ZD'$ 横移 $e$ 至 ZD，再将仪器置于 ZD，按以上方法逐渐趋近，直至 $f$ 在容许范围内为止。

建筑工程测量

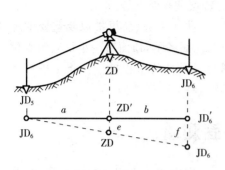

图 11 - 5　交点间转点测设

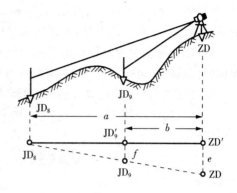

图 11 - 6　交点外转点测设

## 二、线路转角测定

路线的转角 $\alpha$ 又称偏角。在公路工程上,通常是观测线路前进方向的右角 $\beta$,再根据 $\beta$ 算出 $\alpha$。如图 11 - 7,右转角 $\alpha_y$,左转角 $\alpha_z$ 按下式计算:

当 $\beta < 180°$ 时,$\alpha_y = 180° - \beta$

当 $\beta > 180°$ 时,$\alpha_z = \beta - 180°$

用测回法观测一测回,上下两半测回角值之
差一般不应超过 $1'$。

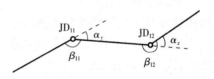

图 11 - 7　线路偏角示意图

## 三、里程桩的设置

里程桩也称中桩,它标定了中线的平面位置和里程,是线路纵、横断面的施测依据。里程桩是从路线起点开始,边丈量边设置。丈量工具通常是钢尺或皮尺。

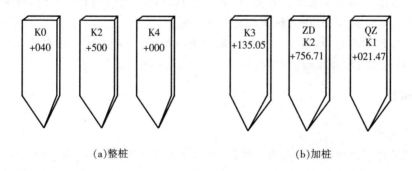

(a)整桩　　　　　　　　　(b)加桩

图 11 - 8　线路里程桩

里程桩上标明桩号,表示自起点到本桩的水平距离。如某桩距起点的距离为 1234.56m,则桩号标为 K1 + 234.56。里程桩分为整桩和加桩两种,整桩是由起点开始,按规定桩距(20m 或 50m)设置的里程桩,百米桩和公里桩均属于整桩,如图 11 - 8(a)。加桩分为地形加桩、地物加桩、曲线加桩和关系加桩,如图 11 - 8(b)。地形加桩是指沿中线地面起伏突变处、横向地面坡度变化处所设置的里程桩;地物加桩是指沿中线在人工构筑物(桥梁、涵洞等）处，以及路线与其他道路、铁路、高压线等交叉处所设置的里程桩；曲线加桩是指曲线的起点、中点、终点桩；关系加桩是指路线上的转点桩和交点桩。

钉桩时，对于起控制作用的起点、终点、转点、交点、曲线主点、公里桩以及重要的地物加桩（桥位桩、隧道定位桩等）均应钉设方桩，并钉至与地面齐平，顶面钉一小钉表示点位。在方桩一侧约 20cm 处设置板桩，上面写明桩名和桩号。其他的里程桩一律将板桩钉在点位上。一般高出地面 12cm 左右，露出桩号，字面应背向路线前进方向。

# 项目二　纵断面测量

路线纵断面测量又称路线水准测量，它的任务是测定中线各里程桩的地面高程，绘制线路纵断面图，供路线纵坡设计之用。测量分两步进行：首先建立高程控制，称为基平测量；然后分段测定中桩地面高程，称为中平测量。

## 一、基平测量

### （一）水准点的设置

根据需要和用途可设置永久水准点和临时水准点。在路线的起点和终点、大桥两岸、隧道两端以及一些需要长期观测高程的重点工程处，应设置永久性水准点。一般路线每隔 25～30km 也应设置一个永久性水准点。永久性水准点要埋设标石，也可设置在永久性建筑物上，或用金属标志嵌在基岩上。临时水准点可埋设大木桩，顶面钉入铁钉作为标志。一般在丘陵区和山区每隔 0.5～1km 设置一个，在平原地区每隔 1～2km 设置一个。中、小桥以及停车场等工程较集中的地段也应设置。水准点的位置应选择在稳固、安全、醒目、便于引测和保管的地方。

### （二）水准点的高程测量

将起始水准点与国家水准点连测，以获得绝对高程。当引测有困难时，可参考地形图选定一个接近实地的高程，作为起始水准点假定高程。

水准点高程的测定，可按四等水准测量方法进行，用一台水准仪在水准点间作往返观测，也可用两台水准仪作单程同向观测。

## 二、中平测量

### （一）施测方法

中平测量是以相邻两水准点为一测段，从一个水准点开始，逐个测定中桩的地面高程，直至附合于下一个水准点上。在每一测站上，相邻两转点间所观测的中桩，称为中间点。由于转点起着传递高程的作用，在测站上应先观测转点（后视与前视），后观测中间点（中视）。转点读数至 mm，视线长不应大于 150m，标尺应竖立在尺垫、稳固的桩顶或坚石上。各中间点的读数可至 cm，标尺应竖立在紧靠桩边的地面上。

一测段观测结束后，应进行计算检核与高差闭合差的检核。按现行规范规定容许附合差为 $[f_h] = \pm 50\sqrt{L}$（$L$ 为测线长度，km）。检核合格后方可进行行下一测段的观测。

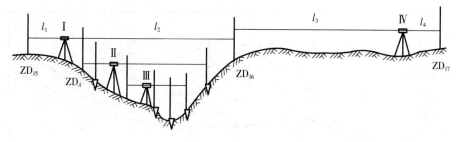

图 11-9    跨沟谷测量

## （二）跨沟谷测量

当路线经过沟谷时,为了减少测站数,以提高施测速度和保证测量精度,一般采用图11-9所示方式施测。当测到沟谷边沿时,后视 $ZD_{15}$ ,并同时前视沟谷两边的转点 $ZD_A$ , $ZD_{16}$ ,则沟内、沟外分别获得传递高程,其后沟内、外可分别施测。这样沟内沟外高程传递各自独立,互不影响。但由于沟内各桩测量实际上是以 $ZD_A$ 开始的独立单程水准支线,缺少检核条件,故施测时应特别注意,并在记录簿上另辟一页记录。为了减小 I 站前后视距不等所引起的误差,仪器置于 IV 站时,尽可能使 $l_3 = l_2$ , $l_4 = l_1$ ,或 $(l_1 - l_2) - (l_4 - l_3) = 0$ 。

# 三、纵断面图绘制

## （一）纵断面图

纵断面图是沿中线方向绘制的反映地面起伏和纵坡设计的线状图,它反映路段纵坡大小和中桩填挖尺寸,是设计和施工的重要资料。

图 11-10 为公路纵断面图。图的上半部,从左至右绘有两条贯穿全图的线,一条是细的折线,表示中线实际地面线,它是以里程为横坐标、高程为纵坐标,按中平测量结果绘制的。里程比例尺一般用 1:5000,1:2000 或 1:1200。为了明显反映地面的起伏变化,通常高程比例尺比里程比例尺大 12 倍,采用 1:500,1:200 或 1:120。另一条是粗线,表示包含竖曲线在内的纵坡设计线,是纵坡设计时绘制的。此外,图上还注有水准点的位置和高程,桥涵的类型、孔径、跨数、长度、里程桩号和设计水位,曲线元素和同其他公路、铁路交叉点的位置、里程等有关说明。图的下部绘有几栏表格,注记有关测量和纵坡设计的资料。其内容如下:

（1）直线与曲线:按里程表明路线的直线和曲线的示意图。曲线用直角的折线表示,上凸表示右转,下凹表示左转,并注明交点编号和圆曲线半径。在不设曲线的交点位置,用锐角折线表示。

（2）里程:按里程比例尺标注百米桩和公里桩。

（3）地面高程:按中平测量成果填写相应里程桩的地面高程。

（4）设计高程:按设计纵坡和平距推算出的里程桩设计高程。

（5）坡度:从左至右向上斜的直线表示上坡(正坡),向下斜的表示下坡(负坡)。斜线或水平线上面的数字为坡度的百分数,下面的数字为相应坡度的水平距离,称为坡长。

## （二）纵断面图绘制步骤

### 1. 打格制表,填写有关测量资料

一般采用透明毫米方格纸(标准计算纸),按照选定的里程比例尺和高程比例尺打格制

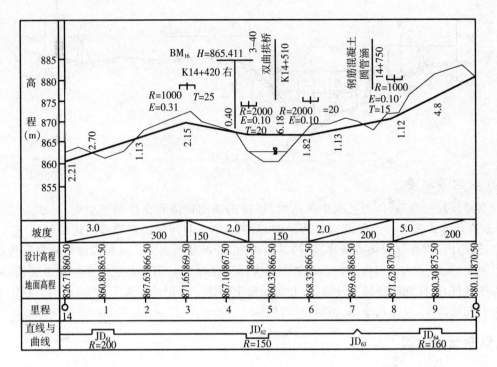

图 11 - 10   公路纵断面图示例

表,填写里程、地面高程、直线与曲线等资料。

### 2. 绘地面线

首先选定纵坐标的起始高程位置,使绘出的地面线能位于图上适当位置。一般以 12m 整倍数的高程定在 5cm 方格的粗线上,这样便于绘图和阅读。然后根据中桩的里程和地面高程,在图上按纵、横比例尺依次点绘各中桩的地面点位,用直线将这些点连接起来,即绘出地面线。在高差变化较大的地区,如纵向受到图幅限制时,可在适当地段变更图上的高程起算位置,这时地面线将构成台阶形式。

### 3. 计算设计高程

根据设计纵坡和两点间的水平距离(坡长),可由一点的高程计算另一点的高程。设起算点的高程为 $H$,设计纵坡为 $i$(上坡为正,下坡为负),推算点的高程为 $H_P$,推算点至起算点的水平距离为 $D$,则

$$H_P = H + i \cdot D$$

### 4. 计算各桩的填挖尺寸

同一桩号的设计高程与地面高程之差,即为该桩的填土高度(正号)或挖土深度(负号)。在图上填土高度写在相应点的纵坡设计线上面,挖土深度则写在设计线下面,也可以在图中专列一栏注明挖、填尺寸。

### 5. 其他

在图上注记有关资料,如水准点、桥涵、竖曲线等。

# 项目三  横断面测量

横断面测量的任务是测定中桩两侧垂直于中线的地面线,然后绘成横断面图,供路基设计、土石方计算和施工时确定路基填挖边界之用。断面测量宽度,一般在中线两侧各测12~50m。断面测绘密度,除在各中桩处施测外,在大、中桥头,隧道洞口,挡土墙等重点工程地段,可根据需要加密。施测时,对于地面点间的距离和高差测定,一般只需要精确至0.1m。

## 一、横断面方向测定

### (一)直线横断面方向测定

直线横断面方向是垂直于中线的方向,工程上通常用十字架测定。如图 11 - 11 所示,置架于桩点上,以一木条中线对准直线上任一中桩,另一木条中线方向即横断面方向。

### (二)圆曲线横断面方向的测定

圆曲线横断面方向即圆弧半径方向。如图 11 -12(a),设 B 点至 A、C 点的桩距相等,欲测定 B 点

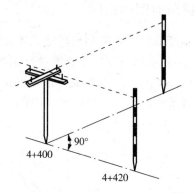

图 11 - 11  直线横断面方向测定

的横断面方向,可在 B 点置方向架,一木条瞄准 A,则另一木条方向定出 $D_1$ 点。同理瞄准 C 点,定出 $D_2$ 点,使 $BD_1 = BD_2$,然后取中点 D,则 BD 即为横断面方向。

如图 11 - 12(b),当所测断面 1 与前后桩间距不等时,可在方向架上安装一个能转动的定向杆 EF 来施测。首先将方向架置于曲线的起点,用 AB 杆瞄准交点(JD),即切线方向,与其垂直的 CD 杆方向就是起点的横断面方向;转动定向杆 EF 瞄准桩 1,并固紧其位置。然后将方向架置于桩 1,以 CD 杆瞄准起点,则定向杆 EF 的方向就是断面方向。若在该方向立一标杆,并以 CD 杆瞄准它时,则 AB 杆方向即为切线方向,从而按上述方法可继续测定下一桩点的横断面方向。

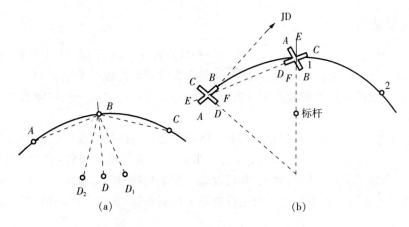

图 11 - 12  圆曲线横断面方向测定

## 二、横断面的测量方法

横断面的测量可采用标杆皮尺法。如图 11-13，$A$、$B$、$C$… 为断面方向上选定的变坡点（高程关键点），将标杆立于 $A$ 点，从中桩地面将皮尺拉平，量出 $A$ 点距离，皮尺截于标杆的高度即两点间高差。同法可测得 $A$ 至 $B$、$B$ 至 $C$…… 测段的距离与高差，直至所需宽度为止。中桩另一侧宽度也按同法进行。变坡点与中桩的平距和高程是绘制横断面图的基础。

## 三、横断面图的绘制

横断面图一般采用现场边测边绘的方法，以便及时进行断面核对，尽量不采用在野外记录，回到室内绘制的作业模式。图纸选用毫米方格纸，距离和高差采用同一比例尺 1：200 或 1：120。绘图时，先标出中桩位置，然后分左右按相应平距和高差，逐一点绘变坡点，用直线连接各点绘出地面线。图 11-14 为一横断面图，并绘有路基断面设计线。

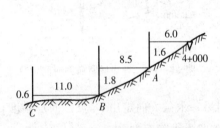

图 11-13　标杆皮尺法测横断面

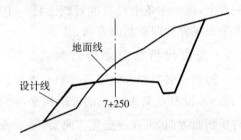

图 11-14　道路横断面图

# 项目四　施工测设

## 一、中线恢复测设

从路线勘测到施工这段时间内，往往有一些桩点被损坏或丢失。为了保证中线的准确可靠，施工前必须对原来的中线进行复核，并将丢失或移动的桩给予恢复，其方法与路线中线测量相同。此外，对路线水准点也应进行复核，必要时还应增设一些临时水准点，以满足施工需要。

中线桩在施工中多数会被埋挖或破坏，为了在施工中控制中线的位置，对路线主要控制桩（如交点、转点、曲线主点以及百米桩、公里桩等），应视地形条件，移设到不受施工破坏、便于引测和易于保存桩位的地方，并钉设施工控制桩（护桩）。如图 11-15 所示，可以在切线的延长线上或与中线垂直的方向上设置施工控制桩，并在桩上注记移桩的桩号及移设的距离等。

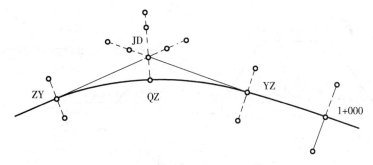

图 11 - 15　中线护桩设置

## 二、线路纵坡的测设

在施工现场,用水准仪按视线高法测出桩顶高程。桩顶高程减去该桩的设计高(可以从纵断面图上获得)即得该桩位处从桩顶起算的填挖高度,并将该高度数字写在桩上供施工参照。也可直接引用纵断面图中的填挖数标注在桩上,该数是以桩位处地面起算的。

## 三、路基边桩与边坡的测设

### (一)路基边桩的测设

路基边桩的测设,就是在地面上将每一个横断面的路基边坡线与地面的交点,用木桩标定出来。边桩的位置由它至中桩的距离来确定,具体测设方法如下:

#### 1. 图解法

直接在横断面图上量取中桩至边桩的距离,然后在实地用皮尺沿横断面方向定出边桩的位置。在地面较平坦、填挖方不大时,采用此法较多。

#### 2. 解析法

路基边桩至中桩的平距通过计算求得。

平坦地段路基分为路堤和路堑两种。填方路基称为路堤,如图 11 - 16(a),路堤边桩至中桩的距离为:

$$D = \frac{B}{2} + m \cdot h$$

挖方路基称为路堑,如图 11 - 16(b),路堑边桩至中桩的距离为:

$$D = \frac{B}{2} + s + m \cdot h$$

上两式中,$B$—— 路基设计宽度;

$\quad\quad\quad m$—— 边坡的设计坡度;

$\quad\quad\quad h$—— 路基中心填土高度或挖土深度;

$\quad\quad\quad s$—— 路堑边沟顶宽。

若断面位于曲线上,按上述方法求出 $D$ 值后,还应于曲线加宽一侧的 $D$ 值中加上加宽值。根据算得的 $D$ 值,沿横断面方向丈量,便可定出路基边桩。

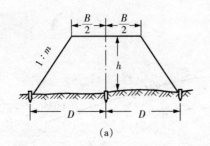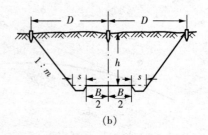

图 11-16　路基和路堑的边桩测设

在倾斜地段,计算时应考虑地面横向坡度的影响。如图 11-17(a),路堤边桩至中桩的距离为:

斜坡上侧
$$D_{上} = \frac{B}{2} + m(h_{中} - h_{上})$$

斜坡下侧
$$D_{下} = \frac{B}{2} + m(h_{中} + h_{下})$$

如图 11-17(b),路堑边桩至中桩的距离为:

斜坡上侧
$$D_{上} = \frac{B}{2} + s + m(h_{中} + h_{上})$$

斜坡下侧
$$D_{下} = \frac{B}{2} + s + m(h_{中} - h_{下})$$

式中,$B$,$s$,$m$,$h$ 均为已知。$h_{上}$、$h_{下}$ 为斜坡上、下侧边桩与中桩的高差,在边桩未定出之前也是未知数。因此,在实际工作中只能采用趋近法测设边桩。首先,根据地面实际情况并且参考路基横断面图,估计边桩位置。然后,测出估计位置与中桩地面间的高差,按此高差可以算出与其对应的边桩平距。若计算值与估计值不相等,则应重新估计边桩位置。重复上述工作,直至计算值与预先估计值基本相符为止。

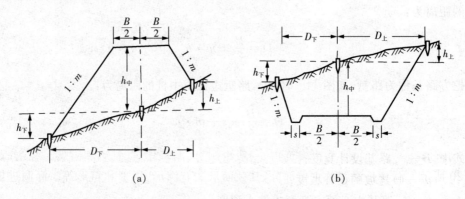

图 11-17　倾斜地面边桩测设

## (二)路基边坡的测设

路基的边桩测设后,为了使填、挖的边坡达到设计的坡度要求,还应把设计边坡在实地标定出来,以便于施工。

用标杆、绳索测设边坡示意见图 11-18(a),$O$ 为中桩,$A$、$B$ 为边桩,由中桩向两侧量出 $B/2$ 得 $C$、$D$ 两点。在 $C$、$D$ 处竖立标杆,在高度等于中桩填土高 $h$ 处 $C'$、$D'$ 用绳索连接,同时由 $C'$、$D'$ 用绳索连接到边桩 $A$、$B$ 上,则设计边坡就展现于实地。

当路堤填土不高时,可按以上方法一次把线挂好。当路堤填土较高时,如图 11-18(b),可分层挂线。

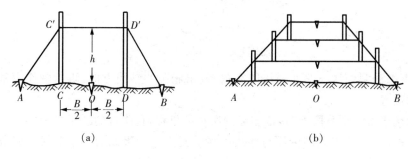

图 11-18　路基边坡测设

用边坡样板测设边坡也是常用的方法。首先按照边坡坡度做好边坡样板,施工时可比照样板进行测设。活动边坡样板(带有水准器)如图 11-19(a),当水准器气泡居中时,边坡样板的斜边所指示的坡度即为设计边坡坡度,故借此可指示与检核路堤的填筑。

固定边坡样板如图 11-19(b)所示。开挖路堑时,在坡顶边桩外侧按设计坡度设置固定边坡样板,施工时可随时指示并检核开挖和修整边坡。

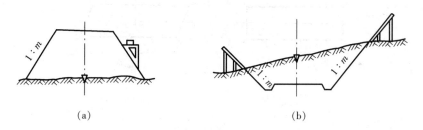

图 11-19　用坡度板放坡

# 项目五　　桥涵工程测量

## 一、涵洞施工测量

涵洞是公路上广泛使用的构筑物,一般由洞身、洞口建筑、基础和附属工程组成,如图 11-20 所示。洞身是涵洞的主要部分,其截面形式有圆形、拱形和箱形等。涵洞进出口应与路基平顺衔接,保障水流顺畅,使上下游河床、洞口基础和洞侧路基免受冲刷,以确保洞身安全,并形成良好的泄水条件。涵洞基础分为整体式、非整体式两类。附属工程包括:锥形护坡、河床铺砌,路基边坡铺砌等。

涵洞放样即根据涵洞设计施工图(表)给出的涵洞中心里程,放出涵洞轴线与路线中线

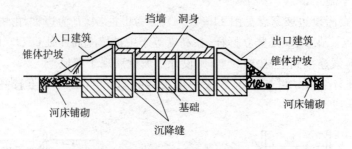

图 11-20 涵洞构造

的交点,后根据涵洞轴线与路线中线的交角,放出涵洞的轴线方向,再以轴线为基准,测设其他部分的位置。

当涵洞位于直线型路段上时,依据涵洞所在的里程,自附近的公里桩、百米桩沿路线方向量出相应的距离,即得涵洞轴线与路线中线的交点。如果涵洞位于曲线型路段上时,则用测设曲线的方法定出涵洞轴线与公路中线的交点。

按与公路走向的关系,涵洞分为正交涵洞和斜交涵洞两种,正交涵洞的轴线与路线中线(或其切线)垂直;斜交涵洞的轴线与路线中线(或其切线)不垂直,而成斜交角 $\phi$,$\phi$ 角与 $90°$ 之差称为斜度 $\theta$,如图 11-21 所示。

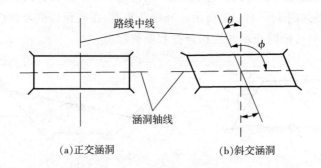

(a)正交涵洞          (b)斜交涵洞

图 11-21   正交涵洞和斜交涵洞

当定出涵洞轴线与路线中线的交点后,将经纬仪置于该交点上,拨角 $90°$(正交涵洞)或 $(90°+\theta)$(斜交涵洞)即可定出涵洞轴线。涵洞轴线通常用大木桩标定在地面上,在涵洞入口和出口处各 2 个,且应置于施工范围以外,以免施工中被破坏。自交点沿轴线分别量出涵洞上、下游的涵长,即得涵洞口位置,再用小木桩在地面标出。

涵洞基础及基坑边线根据涵洞轴线设定,在基础轮廓线的每一个转折处都要用木桩标定,如图 11-22 所示。由于要开挖基础,还应定出基坑的开挖边界线。在开挖基础时可能会有一些桩被挖掉,所以需要时可在距基础边界线 $1.0\sim1.5$m 处设立龙门板,然后将基础及基坑的边界线用垂球线将其投测在龙门板上,再用小钉标出。在基坑挖好后,再根据龙门板上的标志将基础边线投放到坑底,作为砌筑基础的根据,如图 11-23 所示。

基础建成后,进行管节安装或涵身砌筑过程中各个细部的放样,仍应以洞轴线为基准进行。这样,基础的误差不会影响到涵身的定位。

涵洞各个细部的高程,均须根据附近的水准点用水准测量方法测设。对于基础面纵坡的测设,当涵洞顶部填土在 2m 以上时,应预留拱度,以便路堤下沉后仍能保持涵洞应有的坡度。根据基坑土壤压缩性不同,拱度一般在 $\frac{H}{60} \sim \frac{H}{80}$($H$ 为道路中心处涵洞流水槽面到路基设计高的填土厚度)之间变化,对砂石类低压缩性土壤可取用小值;对黏土、粉砂等高压缩性土则应取用大值。

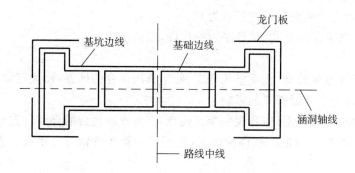

图 11-22 涵洞基础的测设

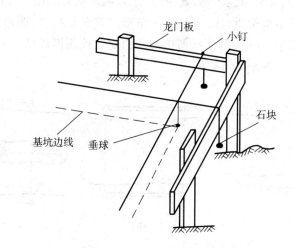

图 11-23 龙门板与基坑边线

## 二、桥梁平面控制网的布设

### (一)桥梁平面控制网网形

桥梁平面控制主要采用三角网,三角网可以用于测定桥轴线长度,并可以为交会墩台位置提供平面控制点。在建立桥梁平面控制网时,既要考虑三角网本身的精度(即图形强度),又要考虑后继施工的需要,所以在布网之前应对桥梁的设计方案、施工方法、施工机具及场地布置、桥址地形及周围的环境条件、测设精度要求等方面内容进行认真研究,然后在桥址地形图上拟定布网方案,再到现场按照下列基本要求选定点位。

#### 1. 网形

网形应具有足够的强度,使得的桥轴线尺度精度能够满足施工要求,并能利用这些三角点,以足够的精度用前方交会法为桥墩放样。当主网的三角点数目不能满足施工需要时,要求能方便地增设插点,这一点在初拟网形时应有所考虑。

在满足精度和施工要求的前提下,网形应力求简单。

### 2. 基线

三角网的边长一般在0.5～1.5倍河宽的范围内变动。基线长度不宜小于桥轴线长度的0.7倍。一般应在两岸各设一条基线,以提高三角网的精度及增加检核条件。基线如用钢尺直接丈量,以布设成整尺段的倍数为宜。

基线场地应选在土质坚实、地势平坦的地段,以便量测。

### 3. 三角点

三角点应选在地势较高、土质坚实稳定、便于长期保存的地方,而且三角点的通视条件要好、要避免旁折光和地面折光的影响。

在河流两岸的桥轴线上,应各设一个三角点,三角点距桥台的设计位置也不宜太远,以能保证桥台的放样精度为准。放样桥墩时,仪器可安置在桥轴线三角点上进行交会,以减少横向误差。

桥梁三角网的基本图形为大地四边形和三角形,并以控制跨越河流的正桥部分为主。图11-24为桥梁三角网最常用的图形,其中(a)、(b)两种图形适用于桥长较短,需要交会的水中墩、台数量不多的小型桥梁;(c)、(d)两种图形的控制点数多、图形坚强、精度高、便于交会墩位,适用于特大桥;(e)为利用江河中的沙洲建立控制网的情况。实际施工中,应从现场条件与需要出发,选择最适宜的网型。

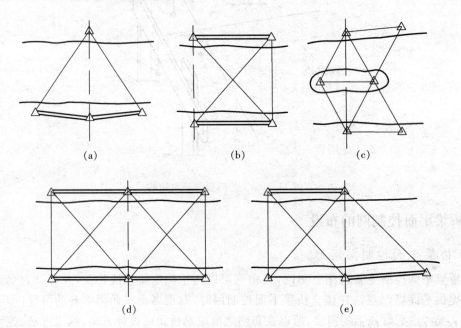

图11-24 桥梁三角网常用网形

## (二)桥梁三角网精度

桥梁三角网的外业工作主要包括角度测量和边长测量。由于桥轴线长度不同,对桥轴线长度的精度要求也不同,因此三角网的测角和测边精度也有所不同。在《公路桥位勘测规程》中,按照桥轴线的长度,将三角网划分为 6 个等级,具体技术指标如表 11-1 所示。

在桥梁平面控制网测量中,角度观测一般采用方向观测法。观测时应选择距离适中、通视良好、成像清晰稳定,竖直角俯仰小,折光影响小的方向作为零方向。角度观测的测回数由三角网的等级和使用的仪器类型确定,具体规定见表 11-2。

表 11-1    桥梁三角网精度

| 等级 | 桥轴线的桩间距离<br>(m) | 测角中误差<br>(1″) | 桥轴线相对<br>中误差 | 基线相对<br>中误差 | 三角形最大闭合差<br>(1″) |
|------|------|------|------|------|------|
| 二 | > 5000 | ±1.0 | 1/130000 | 1/26000 | ±3.5 |
| 三 | 2000 ~ 5000 | ±1.8 | 1/70000 | 1/140000 | ±7.0 |
| 四 | 1000 ~ 2000 | ±2.5 | 1/40000 | 1/80000 | ±9.0 |
| 五 | 500 ~ 1000 | ±5.0 | 1/20000 | 1/40000 | ±15.0 |
| 六 | 200 ~ 500 | ±10.0 | 1/10000 | 1/20000 | ±30.0 |
| 七 | < 200 | ±20.0 | 1/5000 | 1/10000 | ±60.0 |

表 11-2    三角网等级和测角测回数要求

| 等级 | 二 | 三 | 四 | 五 | 六 | 七 |
|------|------|------|------|------|------|------|
| $DJ_1$ | 12 | 9 | 6 | 4 | 2 | — |
| $DJ_2$ | — | 12 | 9 | 6 | 4 | 2 |
| $DJ_6$ | — | — | 12 | 9 | 6 | 4 |

三角网边长测量可根据实际需要,按不同方法施测。瓦线尺丈量是最精密的测距方法,适用于二、三等网的基线丈量,但组织这样一次丈量是极其困难的。目前高精度的基线光电测距仪也可用于二、三等网基线测量,为测距工作带来很多便利。三等以下网可用一般光电测距仪测定,也可用钢尺精密量距的方法直接丈量,但应测量 1 ~ 4 个测回取中数。

桥梁三角网一般只测两条基线,其他边长则根据基线及角度推算。在平差计算中,由于只对角度进行调整而将基线作为固定值,因此要求基线测量的精度应高于测角精度,从而使基线误差可忽略不计。通常,基线测量精度应比桥轴线精度高出 2 倍以上。

边角网一般要测量部分或全部边长,平差时边长测量结果与角度一起参与调整,故测距精度要求与测角精度相当即可,一般与桥轴线精度一致就能满足。

外业工作结束后,应对观测成果进行检核。基线的相对中误差应满足相应等级控制网的要求。测角误差可按三角形闭合差计算,亦应满足对应规范要求。

## 三、桥梁墩台定位测量

在桥梁施工测量中,测设墩台中心位置的工作称为桥梁墩台定位。这是墩台施工放样的基础。桥梁墩台定位所依据的原始资料是桥轴线控制桩的里程和桥梁墩台的设计里程。根据里程可以算出它们之间的距离,并按此距离标定出墩台的中心位置。

如图 11-25 所示,直线型桥梁的墩台中心都位于桥轴线的方向上,设计中已规定了桥轴线控制桩 $A$、$B$ 及各墩台中心的里程。由相邻两点的里程相减,即可求得其间的距离。墩台定位的方法,可视河宽、河深及墩台位置等具体情况而定,根据现场条件可采用直接丈量法、全站仪定位法及方向交会法等。

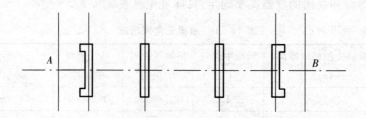

图 11-25　桥梁墩台定位原理

## (一) 直接丈量法

当桥梁墩台位于无水河滩上,或水面较窄,用钢尺可以跨越丈量时,可采用钢尺直接丈量法。丈量所使用的钢尺必须经过检定,丈量的方法与距离测量相似,但由于是测设设计的已知距离,所以应根据现场的地形情况将其换算为应测设的斜距,需要进行尺长改正、温度改正和倾斜改正。

距离测设与距离丈量有着相反的修正原则。距离测量是用钢尺量出两固定点之间的斜长,为了得到两点间的水平距离,需要加上钢尺的尺长改正、温度改正及倾斜改正等项,按公式(11-1)最后求得两点间的水平距离。

$$D = l + \Delta l_d + \Delta l_t + \Delta l_h \tag{11-1}$$

式中,$D$—— 水平距离;

$l$—— 直接丈量得到的斜长;

$\Delta l_d$—— 尺长改正;

$\Delta l_t$—— 温度改正;

$\Delta l_h$—— 倾斜改正。

其中,$\Delta l_d = \dfrac{l' - l_0}{l_0} \cdot l$,$l'$—— 钢尺鉴定时的实际长度,$l_0$—— 钢尺的名义长度。

$\Delta l_t = \alpha(t - t_0)l$,$\alpha$—— 钢尺的线膨胀系数,通常取 $1.25 \times 10^{-5}$,

$t$—— 丈量时的实际温度;

$t_0$—— 钢尺检定时的标准温度,通常取 20℃

$\Delta l_h \approx -\dfrac{h^2}{2l}$,$h$—— 两点间的高差。

与上述程序相反,距离测设则是根据给定的水平距离,结合现场情况,先进行各项改正值计算,求算出测设时的斜长,然后再按这一长度从起点开始,沿已知方向定出终点位置。求算斜长应按式(11-2)计算。

$$l = D - \Delta l_d - \Delta l_t - \Delta l_h \tag{11-2}$$

由上式可以看出,测设长度时各项改正数的符号,与距离测定时恰好相反。

为保证测设精度,丈量时施加的拉力应与检定钢尺时的拉力相同,同时丈量的方向亦不应偏离桥轴线的方向。在测出的点位上要用大木桩进行标定,在桩顶钉一小钉,以准确标出点位。

测设墩台的顺序通常应从一端到另一端,并在终端与桥轴线的控制桩进行校核,也可从中间向两端测设。按照这种程序,容易保证每一跨都满足精度要求。当受条件限制,只能从桥轴线两端的控制桩向中间测设时,一定要对衔接的一跨设法进行校核,因为这种方法容易将误差积累在中间衔接的一跨上,通常不宜采用。

## (二)全站仪定位法

用全站仪进行桥梁墩台定位快速、精确,只要在墩台中心处可以安置反射棱镜,而且仪器与棱镜能够通视,即使其间有水流障碍也可采用。

测设时将仪器置于桥轴线的一个控制桩上,瞄准另一控制桩,此时望远镜所指方向为桥轴线方向。在此方向上移动棱镜,通过放样模式,定出各墩台中心位置。这样测设可有效地控制横向误差。如在桥轴线控制桩上测设有障碍,也可将仪器置于任何一个控制点上,利用墩台中心的坐标进行测设。但为确保测设点位的准确,测后应将仪器迁至另一控制点上,再按上述程序重新测设一次,以进行校核。只有当两次测设的位置满足限差要求才能停止。

值得注意的是,在测设前应将所使用的棱镜常数和当地的气象、温度和气压参数输入仪器,而全站仪会自动对所测距离进行修正。

## (三)方向交会法

如果桥墩所处的位置河水较深,无法直接丈量,也不便架设反射棱镜,可采用方向交会法测设桥梁墩台中心。

用方向交会测设桥梁墩台中心的方法如图 11-26 所示。控制点 $A$、$C$、$D$ 的坐标已知,桥墩中心 $P$ 的设计坐标也已知。设桥墩中心 $P$ 至桥轴线控制点 $A$ 的距离为 $l$,基线长 $d_1$、$d_2$ 及角度 $\theta_1$、$\theta_2$ 在三角网观测中已测定。以下推导计算交会角 $\alpha$ 和 $\beta$ 的公式。由 $P$ 向基线 $AC$ 作辅助垂线,则有:

$$\alpha = \tan^{-1}\left(\frac{l\sin\theta_1}{d_1 - l\cos\theta_1}\right)$$

同理,有

$$\beta = \tan^{-1}\left(\frac{l\sin\theta_2}{d_2 - l\cos\theta_2}\right)$$

为了检核 $P$ 点位置的正确性,可按类似方法求出 $\phi_1$ 和 $\phi_2$

$$\phi_1 = \tan^{-1}\left(\frac{d_1\sin\theta_1}{l - d_1\cos\theta_1}\right)$$

$$\phi_2 = \tan^{-1}\left(\frac{d_2\sin\theta_2}{l - d_2\cos\theta_2}\right)$$

则计算检核式为

$$\alpha + \theta_1 + \phi_1 = 180°$$

$$\beta + \theta_2 + \phi_2 = 180°$$

从理论上来说,由两个方向即可交会出桥墩中心的位置,但为了防止发生错误和检查交会的精度,实际上都是用三个方向交会。为了保证桥墩中心位于桥轴线方向上,其中一个方向应是桥轴线方向。

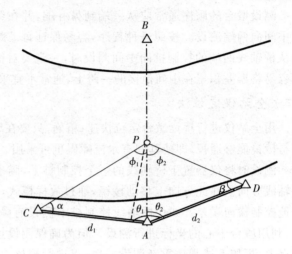

实际测设时,在 $C$、$A$、$D$ 三点各安置一台经纬仪。$A$ 站的仪器瞄准 $B$ 点,确定桥轴线方向。$D$、$C$ 两站的仪器后视 $A$ 点,并分别测设 $\beta$ 和 $\alpha$ 角,以正倒镜分中法定出交会方向。

由于测量误差的存在,三个方向交会后通常形成误差三角形,如图11

图 11-26　方向交会法放样墩台中心

-27所示。如果误差三角形在桥轴线方向上的边长 $c_2 c_3$ 不大于限差(通常取墩底放样为25mm,墩顶放样为15mm),则取 $c_1$ 在桥轴线上的投影位置 $C$ 作为桥墩中心的位置。

为了保证墩位的精度,交会角应接近于 90°,但由于各个桥墩位置有远有近,因此交会时不能将仪器始终固定在两个控制点上,而有必要对控制点进行选择。为了获得适当的交会角,不一定要在同岸交会,而应充分利用两岸的控制点,选择最为有利的观测条件。必要时也可在控制网上增设插点,以满足测设要求。

在桥墩的施工过程中,随着工程的进展,需要反复多次地交会桥墩中心的位置。为了简化工作,可把交会的方向延长到对岸,并用觇牌进行固定,如图11-28所示。在以后的交会中,就不必重新测设角度,可用仪器直接瞄准对岸的觇牌。为避免混淆,应在相应的觇牌上标明墩的编号。

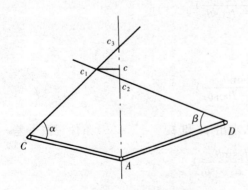

图 11-27　方向交会法的误差三角形

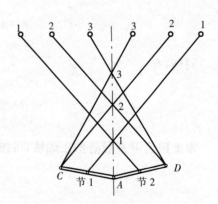

图 11-28　固定觇牌交会墩台中心

# 四、墩台施工测量

在完成墩台的平面定位后,还应建立桥梁施工的高程控制网,作为墩台施工高程放样的基础。

桥墩主要由基础、墩身、墩帽三部分组成。它的细部放样是在实地标定好的墩位中心和桥墩纵横轴线的基础上,根据施工的需要,按照设计图自下而上,分阶段地将桥墩各部分尺寸放样到施工作业面上。

## (一)墩台的高程控制

### 1. 水准网布设

当桥长在 200m 以内时,可在河两岸各设置 1 个水准点。当桥长超过 200m 时,由于两岸连测起来比较困难,当水准点高程发生变化时不易复查,因此每岸至少应设置 2 个水准点。

水准点应设在距桥中线 50～100m 范围内并且坚实、稳固、能够长久保存、便于引测的地方,同时要考虑不易受施工和交通的干扰。相邻水准点之间的距离一般不大于 500m。为了施工使用方便,还可设立若干个工作水准点。工作水准点的位置以方便施工测设为准。但在整个施工期间,应定期复核工作水准点的高程,以确定其是否受到施工的影响或破坏。此外,对桥墩较高,两岸陡峭的情况,应在不同高度设置水准点,以便于桥墩高程放样。

### 2. 水准网连测

桥梁高程控制网的起算高程数据,应由桥址附近的国家水准点和路线水准点引入,目的是要保证桥梁高程控制网与路线采用同一个高程系统,从而取得统一的高程基准。但连测的精度可以略低于桥梁高程控制网本身的精度,因为它不会影响到桥梁各部分高程放样的相对精度,因此,桥梁高程控制网仍是一个自由网。

### 3. 水准网精度

为了保证放样墩台高程的精度,高程控制网必须要有足够的精度。一般地,水准点之间的连测及起算高程的引测可采用三等精度;对于跨河水准测量,当跨河距离小于 800m 时采用三等精度,大于 800m 时则应采用二等精度。

为了确保两岸水准点之间高程的相对精度,控制跨河水准测量的精度至关重要,所以它在桥梁高程控制测量中精度要求最高。根据跨河水面宽度的不同,采用单线过河或双线过河。一般地,跨河水面宽度在 300m 以下时,可采用单线过河;超过 300m 则须采用双线过河,且应构成水准闭合环。

### 4. 水准网测量

水准测量开始作业之前,应按照国家水准测量规范规定,对用于作业的水准仪和水准尺进行检验与校正;水准测量的实施方法及限差要求亦应按规范规定进行。

水准网的平差根据具体情况可采用多边形平差法,间接观测平差以及条件观测平差。但一般情况下,由于桥梁水准网网形简单,通常只有一个闭合环,平差计算比较简单。

### 5. 墩台轴线测设

在墩台施工前,需要根据已测设出的墩台中心位置,测设墩台的纵横轴线,作为放样墩台细部的依据。墩台纵轴线是指过墩台中心,垂直于路线方向的轴线;墩台横轴线是指过墩台中心与路线方向一致的轴线。

在直线型桥上，墩台的横轴线与桥轴线重合，且所有墩台均一致，因而就可以利用桥轴线两端的控制桩标定横轴线方向，因此，一般不再另行测设。

墩台的纵轴线与横轴线垂直。在测设纵轴线时，在墩台中心点上安置经纬仪，以桥轴线方向为准测设90°角，即为纵轴线方向。由于在施工过程中经常需要恢复墩台的纵、横轴线位置，因此需要用桩标将其准确地标定在地面上，这些桩标称为护桩，如图11-29所示。

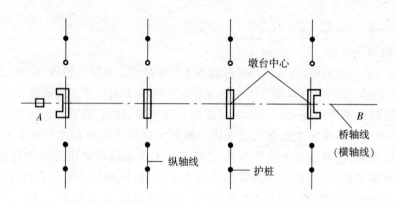

图 11-29　墩台轴线及护桩

为了提高测角精度，至少要采用一测回法观测来确定轴线位置。在测设出的轴线方向上，应在桥轴线两侧各设置2～3个护桩。这样，在个别护桩损坏后也能及时恢复。另外，当墩台施工到一定高度时，将影响两侧护桩的通视，这时，利用桥轴线同一侧的护桩即可恢复纵轴位置。护桩的位置应选在离开施工场地一定距离，通视良好，地质稳定的地方。桩标一般采用木桩或混凝土桩。

位于水中的桥墩，由于既不能安置仪器，也不能设护桩，可在初步定出的墩位处筑岛或建围堰，然后用方向交会法或其他方法精确测设墩位并设置轴线。如果是在深水大河上修建桥墩，一般采用沉井基础，此时往往采用前方交会进行定位，在沉井落入河床之前，需要不断地进行观测，以确保沉井位于设计位置上。当采用光电测距仪进行测设时，亦可采用极坐标法进行定位。

### 6. 基础施工放样

桥梁基础形式有明挖基础、管柱基础、沉井基础等多种，以下讨论明挖基础的施工放样。

明挖基础适合在地面无水地基上施工，先挖基坑，再在坑内砌筑块材基础（或浇筑混凝土基础），如系浅基础，可连同承台一次砌筑（或浇筑），如图11-30所示。如果在水面以下采用明挖基础，则要先建立围堰，将水排出后再施工。

基础开挖之前，应根据墩台中心点位及纵、横轴线，按设计的平面形状测设出基础

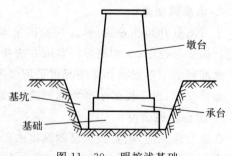

图 11-30　明挖浅基础

轮廓线控制点。如图 11-31 所示,如果基础形状为方形或矩形,基础轮廓线的控制点则为四个角点及四条边与纵、横轴线的交点;若为圆形基础,则为基础轮廓线与纵、横轴线的交点。必要时尚需增加轮廓线与纵、横轴线分角线的交点。控制点距墩中心点或纵、横轴线桩的距离应略大于基础设计的底面尺寸,一般可大 0.3 ～ 0.5m,以便正确安装基础模板。

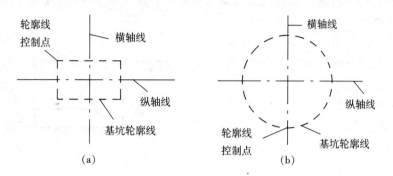

图 11-31　明挖基础轮廓线测设

如果地基土质稳定,不易坍塌,则坑壁可直立开挖,从而不设模板,而直接贴靠坑壁砌筑基础(或浇筑基础混凝土)。这种情况下,可不增大开挖尺寸。

如果地基土质软弱,直立开挖不能保证安全,则开挖基坑时需要放坡,基坑的开挖边界线需要根据坡度计算得到。此时,可先在基坑开挖范围测量地面高程,然后根据地面高程与坑底设计高程之差以及放坡坡度,计算出边坡桩至墩、台中心的距离。如图 11-32 所示,边坡桩至墩台中心的水平距离按下式计算:

$$d = \frac{b}{2} + h \cdot i$$

式中,$b$—— 坑底的长度或宽度;

$\quad h$—— 地面高程与坑底设计高程之差,即基坑开挖深度;

$\quad i$—— 坑壁放坡坡度。

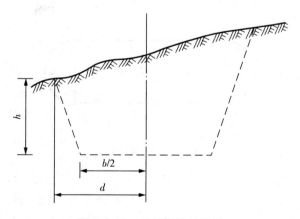

图 11-32　浅基础放坡开挖

在测设边界桩时,以墩台中心点和纵、横轴线为基准,用钢尺丈量水平距离 $d$,在地面上测设出边坡桩,再根据边坡桩撒出灰线,即可依此灰线进行开挖。

当基坑开挖至坑底的设计高程时,应对坑底进行平整清理,然后安装模板,浇注基础及墩身。

在进行基础及墩身的模板放样时,可将经纬仪安置在墩台中心线的一个护桩上,瞄准另一较远的护桩定向,这时仪器的视线即为中心线方向。安装时调整模板位置,使其中点与视线重合,则模板已正确就位。

如图 11 – 33 所示,当模板的高度低于地面,可用仪器在临近基坑的位置,放出中心线上的两点。在这两点上挂线,并用垂球将中线向下投测,引导模板的安装。在模板安装后,应检验模板内壁长、宽及与纵、横轴线之间的关系尺寸,以及模板内壁的垂直度等。

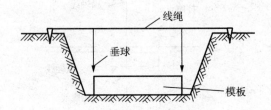

图 11 – 33　基础模板的放样

基础和墩身模板的高程一般用水准测量的方法放样,但当模板低于或高于地面很多,无法用水准尺直接放样时,则可用水准仪在某一适当位置先测设一高程点,然后再用钢尺垂直丈量,定出放样的高程位置。

### 7. 墩身施工放样

基础施工完毕后,需要利用控制点重新交会出墩中心点。然后,在墩中心点安置经纬仪放出纵横轴线,同时根据岸上水准基点,检查基础顶面高程。根据纵横轴线即可放样承台、墩身的外廓线。

随着桥墩砌筑(浇筑)的升高,可用较重的垂球将标定的纵横轴线转移到上一段,每升高 3～6m 需利用三角点检查一次桥墩中心和纵横轴线。

圆头墩身的放样如图 11 – 34 所示。若墩身某断面尺寸为:长 $a$、宽 $b$、圆头半径 $R$,则可以墩中心 $O$ 点为准,根据纵横轴线及相关尺寸,放出 $L_1$、$L_2$ 和圆心 $K$ 点;然后以 $L1$ 和 $K$ 点用距离交会法定出 $S_1$ 点;以 $L_2$ 和 $K$ 点用距离交会法定出 $S_2$ 点;并以 $K$ 点为圆心,按半径 $R$ 可放出圆弧上各点。同法可以放样桥墩的另一端。

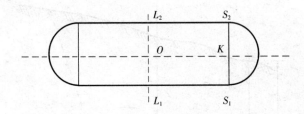

图 11 – 34　墩身放样

桥墩砌(浇)至离帽底约 30cm 时,再测出墩台中心及纵横轴线,据此竖立顶帽模板、安装锚栓孔、安插钢筋等。在浇注墩帽前,必须对桥墩的中线、高程、拱座斜面及其他各部分尺寸进行复核,并准确地放出墩帽的中心线。灌注墩帽至顶部时,应埋入中心标及水准点各 1～2 个。墩帽顶面水准点应从岸上水准点测定其高程,以作为安装桥梁上部结构的依据。

## 五、桥(涵)台锥形护坡放样

### (一)锥坡及其尺寸

为使路堤与桥(涵)台连接处的路基不被冲刷,需在桥(涵)台两侧各用填土围成一个锥形体,并在其表面砌石,形成锥体护坡,简称锥坡(图 11-35)。

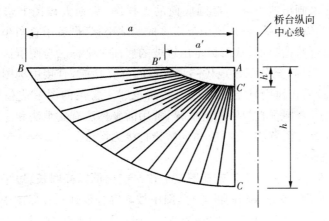

图 11-35 桥台锥坡俯视图

桥台两侧每一个锥坡的形状均为四分之一个椭圆截锥体,如图 11-35 所示。当锥坡的填土高度小于 6m 时,锥坡纵向(即平行于路线中线的方向)坡度一般为 1:1;横向(即垂直于路线中线的方向)坡度一般为 1:1.5,并与桥台后的路基边坡一致,从而平顺连接。当锥坡的填土高度大于 6m 时,路基面以下的锥根部分纵向坡度由 1:1 变为 1:1.25;横向坡度由 1:1.5 变为 1:1.75。

锥坡的顶面和底面都是椭圆的四分之一,施工时按设计尺寸进行测设。一般情况下,锥坡顶面的高程应与路肩相同,而其底面高程通常与自然地面高程相同,且其顶面长半径 $a'$,顶面短半径 $b'$,通常满足以下条件:

$$a' = (W_B - W_R)/2$$

$$b' = H_P - H_R \geqslant 0.75\text{m}$$

式中,$W_B$—— 桥台宽度;

$\quad W_R$—— 台后路基宽度;

$\quad H_P$—— 桥台处人行道顶面高程;

$\quad H_R$—— 台后路肩高程。

锥坡的底面长半径 $a$,底面短半径 $b$ 则满足以下条件:

$$a = a' + D_T$$

$$b = b' + D_L$$

式中,$D_T$—— 桥台横向边坡的水平距离;

$\quad D_L$—— 桥台纵向边坡的水平距离。

锥坡施工时,只需放出锥坡坡脚的轮廓线(四分之一椭圆),即可由坡脚开始,按纵、横边坡向上施工,因此,锥坡施工测设的关键是桥台两侧两个四分之一椭圆曲线的锥坡底面测设。

## (二)锥坡底面测设

锥坡底面椭圆曲线放样主要有图解法、坐标法两大类。图解法为近似方法,是先在图纸上按适当的比例尺画出四分之一椭圆底面的大样图,后在大样图上选择足够多的控制点,用图解法量出其纵横坐标,再按比例尺反算成实地坐标,最后用直角坐标法或极坐标法依次在地面上测设这些控制点,从而标定出锥坡的底面。坐标法与图解法的不同在于获得控制点坐标的手段不同,充分发挥现代测量仪器的解算功能,直接由椭圆的曲线方程求解控制点实地坐标,最后在地面标定出锥坡的底面轮廓。常用的图解法包括纵横等分图解法、双点双距图解法、双圆垂直投影图解法等;常用的坐标法有支距法和全站仪直接测设法等。本节介绍纵横等分图解法、支距法和全站仪直接测设法。

### 1. 纵横等分图解法

如图 11-36 所示,这种方法是先在图纸上按一定比例以椭圆长、短半径 $a$、$b$ 作一矩形 $ACDB$,然后将 $BD$、$DC$ 各分成相同的等分(图中按 8 等分设计),并以图中所示方法进行编号。连接相应编号的点得直线 1—1、2—2、3—3、…;设 1—1 与 2—2 相交于 I 点,2—2 与 3—3 交于 II 点,3—3 与 4—4 相交于 III 点,……可以证明,交点 I、II、III、… 的连线即为待测设的椭圆曲线。按绘图比例尺量取 I、II、III、… 各点的纵距 $x_i$ 和横距 $y_i$,作为放样数据。

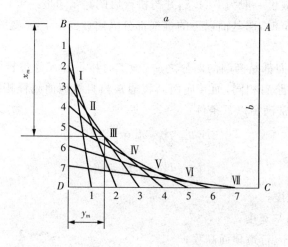

图 11-36　纵横等分图解法

实地放样时,首先要根据桥(涵)台的位置,在地面上测设矩形 $ACDB$,然后自 $B$ 在 $BD$ 直线上量出 I、II、III、… 各点的纵距 $x_1$、$x_2$、$x_3$、… 得各点垂足,再沿平行于 $BA$ 的方向分别量出各点横距 $y_1$、$y_2$、$y_3$、…,即得 I、II、III、… 点的实地位置。

如果现场条件许可,亦可不绘制大样图,直接在现场按上述作图方法拉线交出 I、II、III、… 各点。

## 2. 支距法

如图 11-37 所示:设平行于路线方向的短半径方向为 $x$ 轴;垂直于路线方向的长半径方向为 $y$ 轴,建立直角坐标系,则椭圆的解析方程是:

$$\frac{x^2}{b^2} + \frac{y^2}{a^2} = 1$$

于是有

$$y = \frac{a}{b}\sqrt{b^2 - x^2} \tag{11-3}$$

$$x = \frac{b}{a}\sqrt{a^2 - y^2} \tag{11-4}$$

将短半径 $b$ 等分为 8 段,根据式(11-3)计算相应于各等分点处的支距 $y$,结果见表 11-3。

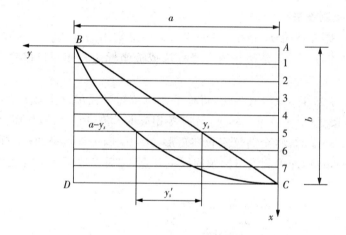

图 11-37　支距法测设锥坡底面

测设时以 $AC$ 方向为基准,按长半径 $a$,短半径 $b$ 测设矩形 $ACDB$。然后将 $BD$ 等分为 8 段,在垂直于 $BD$ 的方向上分别量出相应的 $(a-y)$ 值,即可测设出坡脚椭圆形轮廓。显然,根据现场实际情况,也可将长半径 $a$ 等分为 $n$ 段,按式(11-4)计算相应的 $x$ 坐标,并进行测设。

此外,还可以按以下方法进行测设。

由图 11-37 可得

$$y' = y - \frac{n-i}{n}a$$

式中,$n$—— 将 $b$ 等分的段数;

$i$—— 等分点编号。

测设时将 $BC$ 等分成 $n$ 段,在各等分点平行于长半径 $a$ 的方向上分别量出相应的 $y'$ 值,即得四分之一椭圆曲线的轮廓点。表 11-3 中列出了将 $BC$ 分为 8 段计算的 $y'$ 值。

表 11-3　支距法测设椭圆计算表

| 点位编号 | $x$ | $y$ | $a-y$ | $y' = y - \dfrac{n-i}{n}a$ |
|---|---|---|---|---|
| 0 | 0 | $a$ | 0 | 0 |
| 1 | $b/8$ | $0.9922a$ | $0.0078a$ | $0.1272a$ |
| 2 | $(2b)/8$ | $0.9682a$ | $0.0318a$ | $0.2182a$ |
| 3 | $(3b)/8$ | $0.9270a$ | $0.0730a$ | $0.3020a$ |
| 4 | $(4b)/8$ | $0.8660a$ | $0.1340a$ | $0.3660a$ |
| 5 | $(5b)/8$ | $0.7806a$ | $0.2194a$ | $0.4056a$ |
| 6 | $(6b)/8$ | $0.6614a$ | $0.3386a$ | $0.4124a$ |
| 7 | $(7b)/8$ | $0.4841a$ | $0.5159a$ | $0.3591a$ |
| 8 | $b$ | 0 | $a$ | 0 |

### 3. 全站仪直接测设法

采用全站仪放样锥坡简便、精确,是公路工程中最常用的方法。这种方法的实质是根据椭圆方程求解控制点坐标,然后按直角坐标法或极坐标法直接测设控制点点位,从而放样锥坡底面。

具体地,这种方法可类似于支距法,将长半径 $a$(或短半径 $b$)等分成 $n$ 段,根据各等分点的 $y$ 值(或 $x$ 值),按式(11-3)或(11-4)计算各相应的 $x$ 值(或 $y$ 值),从而获得 $n$ 个椭圆曲线控制点的坐标。测设时,将全站仪安置在矩形 $ACDB$ 四个顶点中的任一顶点上(参照图11-37),后视另一顶点,即可测设出椭圆曲线上各点,然后在地面上标定锥坡底面。

# 模块十二　变形观测和竣工测量

## 模块概述

本章主要介绍什么是建筑物变形、变形的原因、变形观测的意义、变形观测的方法及精度要求。另外包括竣工总平面图的编绘的内容及方法。

## 知识目标

- ◆ 建筑物变形观测。
- ◆ 房屋变形观测。
- ◆ 竣工总平面图的编绘。

## 技能目标

- ◆ 了解建筑物变形的原因。
- ◆ 理解建筑物沉降、倾斜、裂缝的原因。
- ◆ 掌握竣工总平面图的编绘方法。

## 素质目标

- ◆ 培养学生严谨的工作作风和态度。
- ◆ 培养学生相互配合相互协作的团队精神。

## 课时建议

2 课时

# 项目一　建筑物变形观测概述

## 一、建筑物变形的原因

### (一)建筑物变形及危害

建筑物变形是指建筑物在施工或使用过程中,由于某些因素的影响,而出现下沉、上升、倾斜、位移、裂缝、扭曲等现象。

建筑物产生变形的危害:危及施工安全,影响建筑物的正常使用,甚至造成安全事故的发生。

（二）建筑物产生变形的原因

(1) 地基本身的原因引起地基的力学性能不稳定,如软弱地基、黏土、沙质等;

(2) 建筑物本身荷重、活荷载过大,结构、形式设计不合理引起;

(3) 外界因素引起如大风、振动、地震、洪水等。

## 二、变形观测的特点

测量精度高:一般位置精度为 1mm,相对精度 1ppm。重复观测:测量时间跨度大,观测时间和重复周期取决于观测目的、变形量大小和速度。严密数据处理方法:数据量大,变形量小,变形原因复杂。变形资料提供快和准确。

## 三、变形测量的内容

(1) 内部监测:① 内部应力、应变监测;② 动力特性监测;③ 加速度监测。

(2) 外部监测;① 沉降监测;② 位移监测;③ 倾斜监测;④ 裂缝监测挠度监测。

## 四、外部变形观测基本方法

(1) 水准测量;

(2) 三角高程测量;

(3) 三角(边)测量,交会测量;

(4) 导线测量;

(5) 全站仪自动跟踪测量。

## 五、建筑物变形观测

(1) 建筑物的变形主要包括:沉降、水平位移裂缝和倾斜。

(2) 变形观测的任务是周期性地对设置在建筑物上的观测点进行重复观测,求得观测点位置的变化量,确定建筑物的变形趋势,以利采取相应措施。建筑物变形观测能否达到预定的目的要受很多因素的影响,其中最基本的因素是变形测量点的布设、变形观测的精度与频率。

(3) 变形测量点,宜分为基准点、工作基点和变形观测点。其布设应符合下列要求。

① 每个工程至少应有三个稳固可靠的点作为基准点。

② 工作基点应选在比较稳定的位置。对通视条件较好或观测项目较少的工程,可不设工作基点,在基准点上直接测定变形观测点。

③ 变形观测点应设立在变形体上能反映变形特征的位置。

## 六、建筑物变形测量的等级与精度

变形观测的精度要求,取决于某建筑物预计的允许变形值的大小和进行观测的目的,必须满足《工程测量规范》的要求。若为建筑物的安全监测,其观测中误差应小于允许变形值的 1/10 ~ 1/20;若是为了研究建筑物的变形过程和规律,则其中误差应比这个数值小得多,即精度要求要高得多。通常以当时能达到的最高精度作为标准来进行观测。但一般还是从工程实际出发,如对于钢筋混凝土结构、钢结构的大型连续生产的车间,通常要求观测工作能反映出 1mm 的沉降量;对一般规模不大的厂房车间,要求能反映出 2mm 的沉降量。因此,对于观测点高程的测定误差,应在 ±1mm 以内。而为了科研目的,则往往要求达到 ±0.1mm 的精度。

为了达到变形观测的目的,应在工程建筑物的设计阶段,在调查建筑物地基负载性能、预估某些因素可能对建筑物带来影响的同时,就着手拟定变形观测的设计方案并立项,由施工者和测量者根据需要与可能,确定施测方案,以便在施工时就将标志和设备埋置在变形观测的设计位置上,从建筑物开始施工就进行观测,一直持续到变形终止。每次变形观测前,对所使用的仪器和设备,应进行检验校正并做出详细的记录;每次变形观测时,应采用相同的观测路线和观测方法,使用同一仪器和设备,固定观测人员,并在基本相同的环境和条件下开展工作。

变形观测的频率,应根据建筑物、构筑物的特征、变形速率、观测精度要求和工程地质条件等因素综合考虑。观测过程中,可根据变形量的变化情况做适当的调整。对于平面和高程监测网,应定期检测。在建网初期,宜每半年检测一次;点位稳定后,检测周期可适当延长。当对变形成果发生怀疑时,应随时进行检核。

变形观测的内容主要有沉降观测、倾斜观测、裂缝和位移观测等。

表 12-1    建筑变形测量的等级及其精度要求

| 变形测量等级 | 沉降观测 | 位移观测 | 适用范围 |
|---|---|---|---|
| | 观测点测站高差中误差(mm) | 观测点坐标中误差(mm) | |
| 特级 | ≤ 0.05 | ≤ 0.3 | 特高精度要求的特种精密工程和重要科研项目变形观测 |
| 一级 | ≤ 0.15 | ≤ 1.0 | 高精度要求的大型建筑物和科研项目变形观测 |
| 二级 | ≤ 0.50 | ≤ 3.0 | 中等精度要求的建筑和科研项目变形观测;重要建筑物主体倾斜观测、场地滑坡观测 |
| 三级 | ≤ 1.50 | ≤ 10.0 | 低精度要求的建筑物变形观测;一般建筑物主体倾斜观测、场地滑坡观测 |

# 项目二    沉降观测

建筑物的沉降是地基、基础和上层结构共同作用的结果。沉降观测就是测量建筑物上所设观测点与水准点之间的高差变化量。研究解决地基沉降问题和分析相对沉降是否有差异,以监控建筑物的安全。

## 一、水准点和观测点的设置

建筑物的沉降观测是根据埋设在建筑物附近的水准点进行的,所以水准点的布设要把水准点的稳定、观测方便和精度要求综合起来考虑,合理地埋设。为了相互校核并防止由于个别水准点的高程变动造成差错,一般要布设三个水准点,它们应埋设在受压、受震范围以外,埋设深度在冻土线以下0.5m,才能保证水准点的稳定性,但又不能离开观测点太远(不应大于100m),以便提高观测精度。

观测点的数目和位置应能全面反应建筑物沉降的情况,这与建筑物的大小、荷重、基础形式和地质条件有关。建筑物、构筑物的沉降观测点,应按设计图纸埋设。一般情况下,建筑物四角或沿外墙每隔10～15m处或每隔2～3根柱基上布置一个观测点;另外在最容易变形的地方,如设备基础、柱子基础、裂缝或伸缩缝两旁、基础形式改变处、地质条件改变处等也应设立观测点;对于水塔和大型储藏罐等高耸构筑物的基础轴线的对称部位,每一构筑物不得少于4个观测点。观测点的埋设要求稳固,通常采用角钢、圆钢或铆钉作为观测点的标志,并分别埋设在砖墙上、钢筋混凝土柱子上和设备基础上,如图12-1所示。

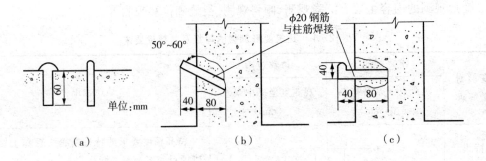

图 12-1 观测点的埋设

## 二、观测时间、方法和精度要求

施工过程中,一般在增加较大荷载前后,如基础浇灌、回填土、安装柱子和屋架、砌筑砖墙、安装吊车、设备运转等都要进行沉降观测。当基础附近地面荷载突然增加,周围大量积水及暴雨后,或周围大量挖方等均应观测,施工中如中途停工时间较长,应在停工时及复工前进行观测。工程完工后,应连续进行观测,观测时间的间隔可按沉降量的大小及速度而定,开始时可每隔1～2月观测一次,以每次沉降量在5～10mm为限,否则要增加观测次数。以后随着沉降速度的减慢,再逐渐延长观测周期,直至沉降稳定为止。

水准点的高程须以永久性水准点为依据来精确测定。测定时应往返观测,并经常检查有无变动。对于重要厂房和重要设备基础的观测,要求能反映出1～2mm的沉降量。因此,必须应用$S_1$级以上精密水准仪和精密水准尺进行往返观测,其观测的闭合差不应超过±0.6mm,观测应在成像清晰、稳定的时间内进行。对于一般厂房建筑物,精度要求可放宽些,可以使用四等水准测量的水准仪进行往返观测,观测闭合差应不超过±1.4mm。

## 三、沉降观测的成果整理

沉降观测采用专用的外业手簿。每次观测结束后,应检查观测手簿中的记录数据和计算是否正确,精度是否符合要求。然后把历次各观测点的高程列入表12-2中,计算两次观测之间的沉降量和累计沉降量,并注明观测日期。

**表 12 - 2  沉降观测记录手簿**

| 日 期 | 荷重(t) | 观测点 | | | | | | | | | | |
|---|---|---|---|---|---|---|---|---|---|---|---|---|
| | | 50 | | | 51 | | | 52 | | | 53 | | |
| | | 高程(m) | 沉降量(mm) | 累计沉降量(mm) | 高程(m) | 沉降量(mm) | 累计沉降量(mm) | 高程(m) | 沉降量(mm) | 累计沉降量(mm) | 高程(m) | 沉降量(mm) | 累计沉降量(mm) |
| 1986.9.10 | | 44.624 | | | 44.528 | | | 44.652 | | | 44.666 | | |
| 1986.10.10 | | 44.621 | 3 | 3 | 44.519 | 3 | 3 | 44.651 | 1 | 1 | 44.661 | 5 | 5 |
| 1986.13.10 | 400 | 44.613 | 8 | 13 | 44.513 | 6 | 9 | 44.646 | 5 | 6 | 44.651 | 10 | 15 |
| 1986.12.10 | | 44.603 | 10 | 21 | 44.505 | 8 | 17 | 44.644 | 2 | 8 | 44.643 | 8 | 23 |
| 1987.1.10 | 800 | 44.595 | 8 | 29 | 44.501 | 6 | 23 | 44.641 | 3 | 13 | 44.639 | 4 | 27 |
| 1987.2.10 | 1200 | 44.589 | 6 | 35 | 44.497 | 4 | 27 | 44.635 | 6 | 17 | 44.638 | 1 | 28 |
| 1987.3.10 | | 44.585 | 4 | 39 | 44.494 | 4 | 31 | 44.634 | 1 | 18 | 44.636 | 2 | 30 |
| 1987.4.10 | | 44.582 | 3 | 42 | 44.492 | 3 | 34 | 44.631 | 3 | 21 | 44.635 | 1 | 31 |
| 1987.5.10 | | 44.580 | 2 | 44 | 44.490 | 2 | 36 | 44.629 | 2 | 23 | 44.632 | 3 | 34 |
| 1987.6.10 | | 44.577 | 3 | 47 | 44.488 | 2 | 38 | 44.626 | 3 | 26 | 44.627 | 5 | 39 |
| 1987.7.10 | | 44.574 | 3 | 50 | 44.487 | 2 | 40 | 44.623 | 3 | 29 | 44.625 | 2 | 41 |
| 1987.8.10 | | 44.572 | 2 | 52 | 44.486 | 1 | 41 | 44.622 | 1 | 30 | 44.623 | 2 | 43 |
| 1987.9.10 | | 44.571 | 1 | 53 | 44.485 | 1 | 42 | 44.621 | 1 | 31 | 44.622 | 1 | 44 |
| 1987.10.10 | | 44.570 | 1 | 54 | 44.485 | 1 | 43 | 44.620 | 1 | 32 | 44.621 | 1 | 45 |
| 1987.12.10 | | | | | | | | | | | | | |
| 1988.2.10 | | 44.569 | 1 | 55 | 44.484 | 1 | 44 | 44.619 | 1 | 33 | 44.620 | 1 | 46 |
| 1988.4.10 | | | | | | | | | | | | | |
| 1988.6.10 | | 44.569 | 0 | | 44.484 | 0 | 44 | 44.619 | 0 | 33 | 44.620 | 0 | 46 |
| 1988.8.10 | | | | | | | | | | | | | |
| 1988.10.10 | | 44.569 | 0 | 55 | 44.484 | 0 | 44 | 44.619 | 0 | 33 | 44.620 | 0 | 46 |

# 项目三　倾斜观测

基础由于不均匀的沉降,会使建筑物产生倾斜,对于高大建筑物来说,影响会更大,严重的不均匀沉降会使建筑物产生裂缝甚至倒塌。因此,必须及时观测、处理以保证建筑物的安全。根据建筑物高低和精度要求不同,倾斜观测可采用一般性投点法、倾斜仪观测法和激光铅垂仪法等。

## 一、一般投点法

### (一)一般建筑物的倾斜观测

对需要进行倾斜观测的一般建筑物,要在几个侧面观测。方法是:在距离墙面大于墙高的地方选一点(假定为 $O$ 点)安置经纬仪瞄准墙顶一点(假定为 $P$ 点),向下投影得一点 $P_1$,并作标志。过一段时间,再用经纬仪瞄准同一点 $P$,向下投影得 $P_2$ 点。若建筑物沿侧面方向发生倾斜,$P$ 点已移位,则 $P_1$ 点与 $P_2$ 点不重合,于是量得水平偏移量 $a$。

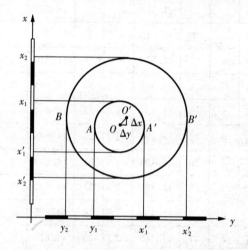

图 12 - 2　圆形建(构)筑物的倾斜观测

### (二)圆、塔形建筑物的倾斜观测

当测定圆形建筑物,如铁塔、水塔等的倾斜度时,首先要求得顶部中心 $O'$ 点对底部中心 $O$ 点的偏心距,如图 12 - 2 中的 $OO'$。其做法如下。如图 12 - 2 所示,在水塔、铁塔底部边沿部位平放一根标尺,在标尺的垂直平分线方向上安置经纬仪,使经纬仪距水塔、铁塔的距离不小于水塔、铁塔高度的 1.5 倍。用望远镜瞄准底部边缘两点 $A$、$A'$ 及顶部边缘两点 $B$、$B'$,并分别投点到标尺上,设读数为 $y_1$、$y_1'$ 和 $y_2$、$y_2'$,则烟囱顶部中心 $O'$ 点对底部中心 $O$ 点在 $y$ 方向的偏心距:

$$\delta_y = (y_2 + y_2')/2 - (y_1 + y_1')/2 \qquad (12 - 2)$$

同法再安置经纬仪及标尺于烟囱的另一垂直方向(方向),测得底部边缘和顶部边缘在标尺上投点读数为 $x_1$、$x_1'$ 和 $x_2$、$x_2'$,则在 $x$ 方向上的偏心距为:

$$\delta_x = (x_2 + x'_2)/2 - (x_1 + x'_1)/2 \qquad (12-3)$$

烟囱的总偏心距为:

$$\delta = \sqrt{(\delta_x^2 + \delta_y^2)} \qquad (12-4)$$

烟囱的倾斜方向为:

$$\alpha_{\infty'} = \tan^{-1}(\delta_y/\delta_x) \qquad (12-5)$$

式中,$\alpha$ 为以轴作为标准方向线所表示的方向角。

以上观测,要求仪器的水平轴应严格水平。因此,观测前仪器应进行检验与校正,使观测误差在允许误差范围以内,观测时应用正倒镜观测两次取其平均数。

## 二、倾斜仪观测法

常见的倾斜仪有水准管式倾斜仪、气泡式倾斜仪和电子倾斜仪等。倾斜仪一般具有能连续读数、自动记录和数字传输等特点,有较高的观测精度,因而在倾斜观测中得到广泛应用。下面就气泡式倾斜仪作简单介绍。

气泡式倾斜仪由一个高灵敏度的气泡水准管 $E$ 和一套精密的测微器组成,如图 12-3 所示。气泡水准管固定在架 A 上,可绕 C 转动,A 下装一弹簧片 D,在底板 B 下为置放装置 M,测微器中包括测微杆 G、读数盘 H 和指标 K。将倾斜仪安置在需要的位置上,转动读数盘,使测微杆向上(向下)移动,直至水准管气泡居中为止。此时在读数盘上读数,即可得出该处的倾斜度。

我国制造的气泡式倾斜仪灵敏度为 $2''$,总的观测范围为 $1°$。气泡式倾斜仪适用于观测较大的倾斜角或量测局部地区的变形,例如:测定设备基础和平台的倾斜等。

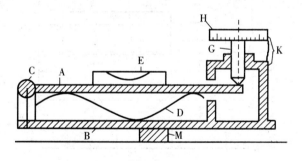

图 12-3

## 三、激光铅垂仪法

激光铅垂仪法是在顶部适当位置安置接收靶,在其垂线下的地面或地板上安置激光铅垂仪或激光经纬仪,按一定的周期观测,在接收靶上直接读取或量出顶部的水平位移量和位移方向。作业中仪器应严格置平、对中。

当建筑物立面上观测点数量较多或倾斜变形比较明显时,也可采用近景摄影测量的方法进行建筑物的倾斜观测。

建筑物倾斜观测的周期,可视倾斜速度的大小,每隔 1~3 个月观测一次。如遇基础附近因大量堆载或卸载,场地降雨长期大量积水而导致倾斜速度加快时,应及时增加观测次数。施工期间的观测周期与沉降观测周期取得一致。倾斜观测时应考虑强光、风力等不利因素的影响。

# 项目四    裂缝与位移观测

## 一、裂缝观测

当建筑物发生裂缝时,应进行裂缝变化的观测,并画出裂缝的分布图,根据观测裂缝的发展情况,在裂缝两侧设置观测标志;对于较大的裂缝,至少应在其最宽处及裂缝末端各布设一对观测标志。裂缝可直接量取或间接测定,分别测定其位置、走向、长度、宽度和深度的变化。

如图 12-4 所示,观测标志可用两块白铁皮制成,一片为 150mm×150mm,固定在裂缝的一侧,并使其一边和裂缝边边缘对齐;另一片为 50mm×200mm,固定在裂缝的另一侧,并使其一部分紧贴在 150mm×150mm 的白铁皮上,两块白铁皮的边缘应彼此平行。标志固定好后,在两块白铁皮露在外面的表面涂上红色油漆,并写上编号和日期。标志设置好后如果裂缝继续发展,白铁皮将逐渐拉开,露出正方形白铁皮上没有涂油漆部分,它的宽度就是裂缝加大的宽度,可以用尺子直接量出。

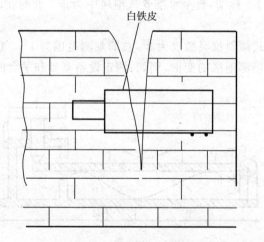

白铁皮

图 12-4    建筑物的裂缝观测

## 二、位移观测

位移观测是根据平面控制点测定建筑物在平面上随时间而移动的大小及方向。首先,在建筑物纵横方向上设置观测点及控制点。控制点至少 3 个,且位于同一直线上,点间距离宜大于 30m,埋设稳定标志,形成固定基准线,以保证测量精度。如图 12-5 所示,$A$、$B$、$C$ 为控制点,$M$ 为建筑物上牢固、明显的观测点。

水平位移观测可采用正倒镜投点的方法求出位移值,亦可用测水平角的方法。设在 $A$ 点第一次所测角度为 $\beta_1$,第二次测得角度为 $\beta_2$,两次观测角度的差为:

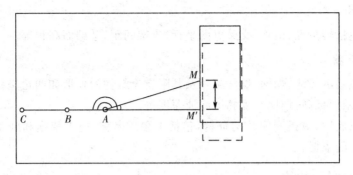

图 12-5　位移观测

$$\Delta\beta = \beta_2 - \beta_1$$

则有建筑物的水平位移值为 ±3mm。

观测精度视需要而定,通常观测误差的容许值为 ±3mm。

在测定大型工程建筑物的水平位移时,也可利用变形影响范围以外的控制点,用前方交会或后方交会法进行测定。

# 项目五　　竣工总平面图的编绘

## 一、竣工测量的内容

竣工总平面图是设计总平面图在施工后实际情况的全面反映。由于在施工过程中可能会因设计时没有考虑到的问题而使设计有所变更,所以设计总平面图不能完全代替竣工总平面图。编绘竣工总平面图的目的:首先是把变更设计的情况通过测量全面反映到竣工总平面图上;其次是将竣工总平面图应用于对各种设施的管理、维修、扩建、事故处理等工作,特别是对地下管道等隐蔽工程的检查和维修;同时还为企业的扩建提供了原有各项建筑物、构筑物、地上和地下各种管线及交通线路的坐标、高程资料。

在每一个单项工程完成后,必须由施工单位进行竣工测量。提出工程的竣工测量成果,作为编绘竣工总平面图的依据。其内容包括以下各方面:

### (一)工业厂房及一般建筑物

测量内容包括房角坐标、各种管线进出口的位置和高程,并附房屋编号、结构层数、面积和竣工时间等资料。

### (二)铁路与公路

测量内容包括起终点、转折点、交叉点的坐标,曲线元素,桥涵、路面、人行道等构筑物的位置和高程。

### (三)地下管网

测量内容包括窨井、转折点的坐标,井盖、井底、沟槽和管顶等的高程,并附注管道及窨井的编号、名称、管径、管材、间距、坡度和流向。

### （四）架空管网

测量内容包括转折点、结点、交叉点的坐标，支架间距，基础面高程等。

### （五）特种构筑物

测量内容包括沉淀池、烟囱、煤气罐等及其附属建筑物的外形和四角坐标，圆形构筑物的中心坐标，基础面标高，烟囱高度和沉淀池深度等。

竣工测量完成后，应提交完整的资料，包括工程的名称、施工依据和施工成果，作为编绘竣工总平面图的依据。

## 二、竣工总平面图的编绘

竣工总平面图上应包括建筑方格网点、水准点、建（构）筑物辅助设施、生活福利设施、架空及地下管线、铁路等建筑物或构筑物的坐标和高程，以及相关区域内空地等的地形。有关建筑物、构筑物的符号应与设计图例相同，有关地形图的图例应使用国家地形图图式符号。

建筑区地上和地下所有建筑物、构筑物绘在一张竣工总平面图上时，往往因线条过于密集而不醒目，为此可采用分类编图。如综合竣工总平面图、交通运输总平面图和管线竣工总平面图等等。比例尺一般采用 1：1000。如不能清楚地表示某些特别密集的地区，也可在局部采用 1：500 的比例尺。

当施工的单位较多，工程多次转手，造成竣工测量资料不全，图面不完整或与现场情况不符时，需要实地进行施测，这样绘出的平面图，称为实测竣工总平面图。

# 参考文献

[1] 王兆祥. 铁道工程测量. 北京：中国铁道出版社，1998

[2] 严幸稼，王依. 建筑测量教程. 北京：到绘出版社，1996

[3] 武汉测绘科技大学《测量学》编写组. 测量学. 北京：测绘出版社，1979

[4] 张坤宜，章辉，金向农. 交通土木工程测量(修订版). 武汉：武汉大学出版社，2003

[5] 郭祥瑞. 工程测量试题解答与分析. 武汉：武汉大学出版社. 2001

[6] 詹长根. 地籍测量学. 武汉：武汉大学出版社，2001

[7] 高井祥，肖本林，付培义等. 数字测图原理与方法. 徐州：中国矿业大学出版社，2001

[8] 杨德麟等. 大比例尺数字测图的原理、方法与应用. 北京：清华大学出版社，1998

[9] 罗聚胜，杨晓明. 地形测量学. 北京，测绘出版社，2002

[10] 姜远文，唐平英. 道路工程测量. 机械工业出版社，2002

[11] 程新文. 测量与工程测量. 中国地质大学出版社，2000

[12] 徐霄鹏. 公路工程测量. 北京：人民交通出版社，2005

[13] 曹智翔，谢远光，刘星. 交通土建工程测量. 成都：西南交通大学出版社，2005

[14] 郭宗河. 测量学实训指南. 北京：中国电力出版社，2008

[15] 周建郑. 测量实训指导书. 北京：化学工业出版社，2008

[16] 苗景荣. 建筑工程测量. 北京：中国建筑工业出版社，2003

[17] 中国有色金属工业总公司. 工程测量规范(GB 50026—93). 北京：中国计划出版社，1996

[18] 廖春洪，王世奇. 建筑建筑施工测量. 武汉：中国地质大学出版社，2005

[19] 杨晓平. 工程测量实训指导手册. 北京：中国电力出版社，2008

[20] 王金玲. 测量学实训实训教程. 北京：中国电力出版社，2008